encofrados

ENCICLOPEDIA CEAC DE CONSTRUCCION

encofrados

por José Griñán

EDICIONES ceac

Vía Layetana, 17 BARCELONA 3 ESPAÑA

BARCELONA (España)

13.ª EDICION, Diciembre 1975

DEPOSITO LEGAL, B. 48.419-1975

ISBN - 84-329-2951-4

Impreso en España Printed in Spain

GRAFICAS ROMAN, S. A.

Casa Oliva, 82-88 - BARCELONA-5

PROLOGO

Ya decíamos en otra ocasión, al comenzar la monografía de esta colección que lleva por título el de CARPINTERIA DE TALLER, que «las construcciones leñosas son muy aplicadas y variadas, ya que la madera, como elemento de construcción, se presta a emplearla en muy diversas utilidades». Y para cerrar el ciclo iniciado con CARPINTERIA DE ARMAR y CARPINTERIA DE TALLER, en el que se mostraban parte de esas múltiples variedades constructivas en que la madera entra a formar parte como elemento de primera línea, tenemos aquí una muestra de una de las facetas en que la madera interviene.

En aquellas dos anteriores ocasiones, la madera intervenía como elemento resistente, fundamental y permanente. No sucede lo mismo en la materia que vamos a tratar a continuación: los encofrados. Aquí lo hace de una manera callada, silenciosa, sin que el profano note su presencia, porque realmente está ausente de la obra terminada, pero que el técnico sabe apreciar. Pocos piensan al ver una pieza de hormigón, una esbelta escalera, o una gigantesca estructura, en la mano que le dio "moldura". No hay allí ni la más mínima huella de material leñoso que invite a recordar que intervino en su construcción un encofrador. Sólo el técnico recordará la mano hábil del moldeador de aquella figura, de aquella forma terminada, en la labor abnegada del encofrador, al cual pocas veces se le reconoce su mérito y que, sin embargo, allí está su obra "sin estar propiamente lo que él hizo". Es, pues, una labor que pasa desapercibida para la mayoría, pero que una minoría sabe apreciar.

Que este posible olvido no importe. En el encofrador debe de haber algo de artista, no todo es técnica. Desde un principio deberá valerse por sí mismo de sus propios conocimientos y de su experiencia. Nadie le facilitará la labor. No encontrará en el proyecto que se encomiende a su labor ningún dato, ninguna referencia a su trabajo. Sólo unas formas ya definidas y acabadas le serán presentadas. El será, pues, el ingeniero y el artista de su trabajo.

Desde esta modesta monografía queremos contribuir, siquiera sea en la medida que su extensión permite, a la formación y ayuda de esos "moldeadores del hormigón", que encontrarán aquí unas ideas de su técnica, que esperamos les sean útiles en su labor.

EL AUTOR

OBJETO DE ESTA MONOGRAFIA

Al iniciar el presente trabajo nos empujó un doble objeto: orientar a los iniciados en este arte, mediante el estudio de diversos casos de encofrados en las distintas partes de una obra, y el de cubrir un hueco en esta colección puesta al alcance de los futuros técnicos de la construcción, en donde hallarán una serie ordenada de casos que podrán sacarle del apuro en los primeros pasos de su vida profesional.

Ya comprenderán nuestros lectores que es materialmente imposible crear una obra que comprenda todos los modelos y tipos de moldes y encofrados posibles, ya que éstos son infinitos, y por mucho que extendiéramos esta obra, siempre habría casos nuevos, distintos. Por eso aquí exponemos unos cuantos casos, de los que el lector puede aprender «lo fundamental», el alma de este importante oficio, aplicables a cuantos problemas se le presenten.

Naturalmente, de aquí debe sacar el lector la idea, el concepto, no el caso concreto, ya resuelto, pues las características de los elementos de un encofrado dependen de las fábricas de hormigón previstas, ya que serán muy distintos los encofrados para vigas de cimentación que para vigas de pisos, y aun dentro de éstas habrá que atenerse a las características de cada caso.

El encofrador debe saber cómo obrará mecánicamente el hormigón al ponerlo en el molde, ya que de ese conocimiento dependerá el disponer bien y adecuadamente dimensionados los embarrotados, bridas, codales, latiguillos, etc., etc. El desconocimiento absoluto de esa mecánica puede provocar desastres irreparables.

El dominio de esa mecánica de que venimos hablando se hace bien patente si el lector se detiene un momento a pensar que, de ordinario, no se incluyen planos de encofrados en las obras de hormigón, sino que simplemente se dibujan las obras tal y como han de quedar definitivamente, es decir, los contornos de pilares, vigas, voladizos, etc. Queda al encofrador la concepción y confección de cada tipo de encofrado, elementos de seguridad, etc. La práctica, pues, es tan necesaria en nuestra materia como la teoría, ya que nos enseñará a resolver cientos de casos en que otros encofrados similares en todo o en parte ya fueron debidamente resueltos satisfactoriamente.

Y una vez advertidos nuestros lectores de todas estas cuestiones, pasamos a desarrollar nuestra materia.

I

GENERALIDADES

EL HORMIGON EN CABEZA DE LA CONSTRUCCION

De la misma manera que cualquier titular deportivo, encabezamos esta monografía, con la que cerramos el ciclo de LA MADERA EN LA CONSTRUCCION. Efectivamente, la técnica del hormigón ha alcanzado límites insospechados y hoy marcha en cabeza de cuantos materiales componen la primera división de la construcción.

Históricamente hablando, el hormigón es de muy reciente invención, aunque, por otra parte, ya era conocido al menos por los romanos, si bien no conocían más que empíricamente el proceso de fraguado. Todavía hoy perduran obras de aquellas remotas épocas en las que el hormigón, o mejor, los morteros hidráulicos, eran empleados como aglomerantes.

Parece ser que fue el inglés John Smeaton, allá por el año 1756, el que logró entrever algo de lo que sucedía en el proceso de fraguado de las cales. A principio del siglo pasado, sería Vicat el que producía los primeros cementos al cocer mezclas determinadas de arcilla y caliza. No obstante, aún habían de transcurrir bastantes años hasta que se llegara a la producción comercial lo cual ocurrió hacia 1824, en que el inglés John Aspdin obtuviera a elevadas temperaturas, de una mezcla definida de cal apagada y arcilla, un producto que denominó cemento Portland, ya que se parecía a la piedra existente en Portland, en el Condado de York.

Modernamente, con el sistema de los hornos rotatorios, la producción del cemento artificial se ha incrementado enormemente, hasta el punto de constituir su desarrollo un índice claro de la economía de los pueblos.

El campo de aplicaciones del cemento es inmenso, y es, sin duda, un material indispensable en la construcción moderna. Este incremento considerable en el empleo del cemento, se debe a sus propiedades, que, enumeradas muy ligeramente (1), son las siguientes:

a) Resistencia al fuego.
b) Duración ilimitada de las construcciones.
c) Gran resistencia a los esfuerzos exteriores.
d) Bajo costo.
e) Es moldeable.

Esta última propiedad, principalmente, es la que ha jugado un papel muy importante en el hecho de que se empleen los hormigones aun en obras de diversas formas, ya que basta con disponer de un molde o encofrado suficiente y adecuado.

Por esta causa, el campo de aplicación del hormigón es prácticamente ilimitado ya que en la actualidad se utiliza para cimientos de obras, estructuras de edificios, obras de ingeniería, depósitos, obras de puertos, presas, elementos premoldeados y prefabricados, etc.

MATERIALES QUE FORMAN EL HORMIGON

El hormigón es una mezcla mecánicamente obtenida de un aglomerante, el cemento, y una dosificación determinada de áridos: arena y grava, amasados con la cantidad de agua suficiente. La masa así obtenida tiene la propiedad de «fraguar», endureciéndose con el tiempo. En esta mezcla, es el cemento el elemento que actúa como «activador» de ese endurecimiento que al principio es rápido, haciéndose más lento después.

La resistencia o dureza obtenida de la mezcla citada varía dentro de ciertos límites con la cantidad de agua que se emplee, de manera que si se fabrica un hormigón excesivamente «seco», la resistencia obtenida será menor que si empleados la cantidad de agua «óptima». También decrece grandemente aquélla conforme va aumentando la cantidad de agua. En la figura 1, mostramos un gráfico en que se relaciona el cociente agua/cemento y la resistencia obtenida con la mezcla. Se supone que los áridos han sido bien dosificados, de lo cual también hablaremos.

Estudiando químicamente el cemento, se ha llegado a la conclusión de que es el silicato tricálcico el factor que determina el fraguado, de manera que es la cantidad de esta sustancia en un cemento la que determina la buena calidad de éste.

Los cementos con buena calidad de cal y bien cocidos, son los que dan mayor resistencia en el fraguado. El cociente de dividir el contenido

(1) La técnica del cemento en sus múltiples aplicaciones: morteros, hormigones, etc., la encontrará el lector en la monografía n.° 33 y 34, **TECNICA Y PRACTICA DLE HORMIGON ARMADO,** limitándose a una sucinta noción antes de entrar en nuestra materia, íntimamente relacionada con la técnica del hormigón armado y de masa.

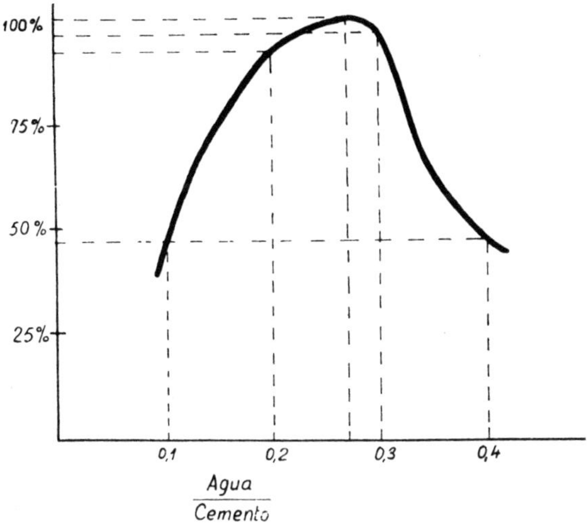

Figura 1

de cal por la del resto de los componentes (sílice + alúmina + óxido de hierro), recibe el nombre de módulo de hidraulicidad. Este número suele variar entre 1,7 y 2,2 en los buenos cementos.

El color predominante en los cementos es el gris verdoso, y después de fraguado, en el hormigón, adquiere una tonalidad predominantemente gris azulada.

ALGUNAS PROPIEDADES MAS IMPORTANTES QUE DEBEN REUNIR LOS MATERIALES

Durante el fraguado del mortero u hormigón, se desprende calor de la masa, como consecuencia del proceso químico que en ella se efectúa para la transformación de unos componentes en otros. Este calor depende en gran manera de la dosificación o cantidad de cemento, de la cantidad de áridos, del agua, de la temperatura exterior, etc. Parece ser que la máxima cantidad de calor desprendido, o mejor dicho, la máxima temperatura que llega a alcanzar una masa, se produce entre las diez y las doce horas después de su amasado. Esta variedad de temperaturas y, por tanto, su diferencia con la del ambiente, origina que no sean iguales las temperaturas en el núcleo de la masa o pieza ya moldeada y las de las capas o zonas más próximas al exterior, por lo que son de temer grietas y hay que adoptar ciertas precauciones.

En determinadas circunstancias, se requiere un rápido endurecimiento de la masa empleada en la obra, por lo que se suele emplear los llamados cementos de fraguado rápido, para lo cual se emplean los álcalis. En otras ocasiones, en cambio, puede interesar que el fraguado del cemento sea lento, lo cual podemos conseguir con pequeñas dosis de yeso, anhídrido sulfúrico, etc.

Para el endurecimiento de la masa de hormigón se necesita bastante agua, por lo que es muy conveniente el regado de las obras de hormigón durante muchos días después de su puesta en obra, o de su fabricación, si se trata de piezas premoldeadas, es decir, preparadas y fabricadas «fuera» del lugar que han de ocupar definitivamente en una obra.

LOS ARIDOS

Son éstos la arena y la grava, pudiéndose ésta subdividirse a su vez en gravilla y grava propiamente dicha. La arena comprende granos desde medio milímetro hasta los 7 mm de diámetro; la gravilla, desde los 7 mm hasta los 25, y desde aquí a los 60 a 65 mm, ya se llama grava.

Por lo general, gran número de arenas son buenas para la fabricación de hormigones, siempre y cuando no contengan ciertas sustancias nocivas. Si las arenas o gravas contienen arcilla en terrones o pegada, son un gran enemigo del hormigón, pero, por el contrario, si es en polvo y en pequeña cantidad, favorece el endurecimiento.

El carbón, materias orgánicas, grasas, etc., no deben permitirse nunca. El agua, asimismo, también debe reunir ciertas condiciones, pudiéndose afirmar que las aguas potables son, en general, buenas para el amasado.

En la dosificación o mezcla de los áridos es preciso que existan de todos los tamaños, de manera que no se formen demasiados huecos, y así, al añadir el cemento, éste ocupará el resto de los huecos que hayan dejado los áridos, formando, bien mezclados todos estos materiales, una masa uniforme y compacta.

En cuanto a la grava, puede ser de canto rodado (de superficies lisas) o grava procedente de machaqueo (aristada y de caras rugosas). Por lo general, suelen ser estas últimas más conveniente que las primeras, pero esto tiene muy poca importancia, ya que las resistencias definitivas obtenidas varían poco.

Es fundamental que los áridos soporten por separado, como mínimo, los mismos esfuerzos a los que se desee trabaje el hormigón ya terminado y endurecido.

Un procedimiento muy sencillo para obtener el volumen de huecos de una determinada mezcla de áridos, es como sigue: basta con tomar una muestra de dicha mezcla, y cubicarla en un recipiente, en seco; una vez hecho esto, se verterá agua hasta que salga al nivel de los áridos. Este agua que hemos echado y cuyo volumen sabemos, habrá llenado todos los huecos existentes en los áridos.

Este volumen de huecos es muy importante, ya que él es el que determina la cantidad de cemento necesaria para obtener una masa compacta, maciza. Interesa, pues, que exista una escala o gama de tamaños de áridos. Así, si el mayor tamaño de grava que nos interesa para una determinada obra es de 35 mm, conviene que los huecos que dejan (que serán grandes) se rellenen con otra grava más pequeña; los que éstos dejen, con otra de tamaño adecuadamente menor, y así sucesivamente, hasta que llegamos a la arena más fina, supongamos de medio milímetro, y de ahí ya el cemento, que acabará por cerrar los huecos restantes.

En la figura 2 vemos un ejemplo de cuanto decimos, suponiendo que son circulares las secciones de cada elemento de grava empleada.

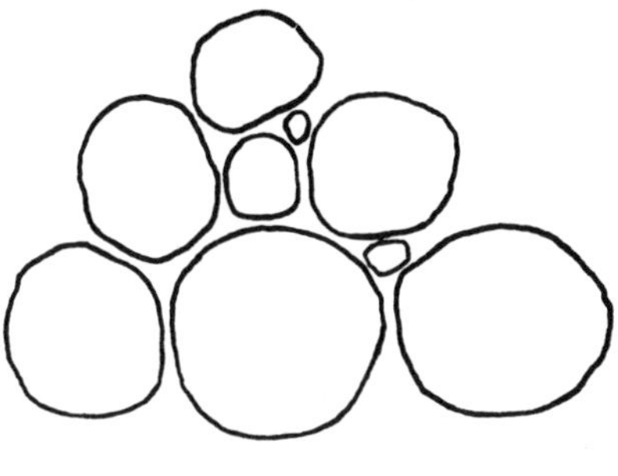

Figura 2

Para determinar la dosificación más conveniente cuando tenemos necesariamente que emplear unos ciertos áridos por no disponer de otros, existen las llamadas curvas o parábolas granulométricas, que corresponden a las expresiones gráficas de los cribados de los áridos referidos. Veamos un ejemplo:

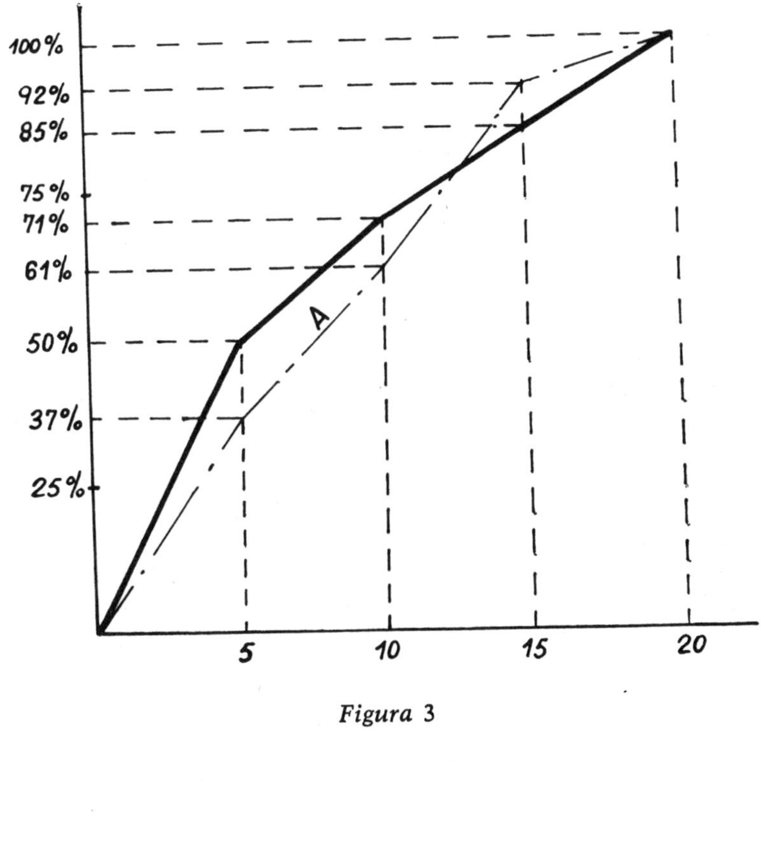

Figura 3

Se traza un sistema de ejes cartesianos, es decir, dos rectas perpendiculares, tal como se indica en la figura 3. En la línea horizontal, o eje de las abcisas, se llevan, a una escala que nos interese por las dimensiones del papel, divisiones que representan los diámetros en milímetros de los diferentes tamaños de áridos. En la línea vertical, o de ordenadas, iremos colocando los tantos por ciento que pasan de cada tamaño a través de una colección de cribas.

Si suponemos que a través de una criba de malla de 20 mm, que es el tamaño máximo que vamos a admitir en un cierto hormigón, es el total del árido de que disponemos, llevaremos sobre el punto de abcisa 20 mm un punto y elevaremos la vertical hasta encontrar a la horizontal trazada en las ordenadas que corresponden al 100 %. Así obtenemos el punto más alto y más a la derecha de la curva de cribado. Después, tomaremos otra criba de malla más cerrada, por ejemplo de 15 mm, y supongamos nos da que pasan el 92 % de los áridos. Llevaremos a la curva dicho punto, como siempre, elevando la perpendicular en el punto de la abcisa de 15 mm y por el eje de ordenadas la horizontal por el punto correspondiente, en la escala convenida al 92 %. Después, con una criba o tamiz de malla de paso 10 mm, suponemos que pasan el 61 %, punto que llevaremos a nuestro sistema de ejes coordenados; y por último, por la criba de paso 5 mm, nos pasa el 37 % del total.

Con estos datos, ya podemos dibujar nuestra curva de cribado correspondiente a la clase de árido de que disponemos. Naturalmente, esta curva será mucho más perfecta, es decir, corresponderá de un modo más exacto a la realidad si tenemos a mano un buen juego de cribas, de manera que al ir tomando puntos de abcisa poco distante el uno del otro, podamos dibujar una curva «casi» continua en lugar de una quebrada de largas rectas.

La curva que hemos obtenido, la tenemos dibujada en la figura 3 a trazos. Ahora bien: a través de muchas experiencias se ha llegado a la determinación de fórmulas que dan curvas de áridos con los cuales la dosificación es perfecta. Las más conocidas de entre ellas corresponden a Fuller, que tiene por expresión algebraica:

$$\% \text{ de peso que pasa} = 100 \sqrt{\frac{\mathbf{d}}{\mathbf{D}}}$$

en que **d** es el diámetro de las mallas de cada criba y **D** el tamaño del árido máximo a emplear, y la de Bolomey, que tiene por expresión

$$\% \text{ de peso que pasa} = 10 + 90 \sqrt{\frac{\mathbf{d}}{\mathbf{D}}}$$

dando valores a **d** y como ya conocemos cuál ha de ser **D**, vamos obteniendo los tantos por ciento que llevaremos sobre las ordenadas. En la figura 3, y para el caso que estamos desarrollando, es decir, para D = 20 milímetros, hemos dibujado la curva de Fuller correspondiente. (Línea gruesa.)

Se aprecia que en la mezcla de áridos que hemos tomado tenemos una falta de gruesos, ya que pasan más áridos de los que nos interesan (se ve en la figura que para el tamaño de 15 mm pasa el 92 %, y para ese tamaño en la parábola de Fuller deberían corresponder el 85 %), y que es necesario añadir gruesos o quitar finos. Esto último parece ser conveniente, ya que para tamices comprendidos entre los 0 y 10 mm, la curva queda por debajo de la de Fuller. En consecuencia: debemos de añadir grava comprendida entre los 10 y 15 mm, para que nos suba la curva y también entre los 0 y 10. Haremos otro tanteo con las nuevas mezclas así obtenidas hasta conseguir una curva lo más cercana a la parábola de Fuller o la de Bolomeu, de características muy similares y que queda un poco por encima de aquélla.

Los tamaños máximos de los áridos no se eligen a capricho, sino que vienen determinados por la clase de obra, espacio comprendido entre las barras de las armaduras, encofrados, etc.

El agua es también elemento importante en la mezcla, de manera que se le prestará especial cuidado. Según la cantidad que le agreguemos a una mezcla de áridos y cemento, obtendremos una pasta seca cuando el agua añadida apenas dé sensación de «tierra mojada» al hormigón; cuando dicha cantidad de agua es normal, próxima a la óptima, según vimos en el gráfico que representa la figura 1, entonces obtendremos un hormigón de consistencia espesa, o normal, manejable. A mayor cantidad de agua se van obteniendo los hormigones blandos, fluidos, etc., que son poco aconsejables, por disminuir la resistencia de la obra. Naturalmente, los elementos de obra imponen a veces un determinado tipo de hormigón, ya que, por ejemplo, en hormigones en masa, en piezas grandes, como cimientos, muros, etc., en donde por añadidura puede utilizarse vibrador, son convenientes los hormigones más bien secos y, en cambio, en piezas de pequeñas dimensiones en donde van armaduras y encofrados que reducen el fácil manejo del hormigón habrá que utilizar hormigones de tipo más blando.

Otros factores que también intervienen en la bondad de un hormigón son aquellos que guardan relación con el cuidado con que se amase, bien sea a mano o en hormigoneras: las precauciones que guarden para ponerlo en obra, uno de cuyos cuidados más importantes es el de no echarlo desde cierta altura, ya que se rompe la unidad de la mezcla, al caer primero los elementos más pesados, es decir, la grava gruesa, y así sucesivamente; la temperatura ambiente y la humedad también son factores a no despreciar, sobre todo el primero; el mantenerlo húmero durante un cierto período, etcétera.

29 - 51 - 2

EL HORMIGON EN SU «MINORIA DE EDAD»

Hemos hablado ya de que el hormigón se obtiene al mezclar mecánicamente unos ciertos áridos y cemento, añadiendo agua para provocar en dicha mezcla las reacciones químicas que, tras un primer período de fraguado, entren francamente en el endurecimiento. Pero el hormigón se lleva o pone en obra como una masa blanda, «sin forma», que se extiende horizontalmente cuando más fluida es. En estas condiciones, de poco nos serviría si lo que necesitamos es construir unas piezas determinadas, prismáticas, como pilares, muros, vigas, de sección circular o de cualquier otra forma que haya marcado el proyectista.

Para ello, según hemos dicho ya, el hormigón «moldeable», es decir, que encerrado dentro de unos límites, al cabo de cierto tiempo, dicho hormigón habrá formado un bloque con la superficie idéntica a la que interiormente tenía el molde, con la cual estuvo en contacto y le retuvo en su expansión.

Por tanto, durante este primer período, durante esta «minoría de edad» del hormigón, en que no cumple función resistente alguna, necesita de unos moldes, que le sirven a la vez de retención a su natural expansión de masa amorfa y para darle la forma que nos interese tenga en el futuro.

Todo esto ya nos dice algo muy importante, al mismo tiempo que nos crea unos serios problemas y preocupaciones: estos moldes deben ser lo suficientemente resistentes para soportar todo el peso del hormigón, armaduras, etc., ya que absolutamente ninguna misión resistente se le puede confiar al hormigón, no sólo cuando se pone en obra, sino durante un período más o menos largo, lo cual depende de la pieza o elemento de que se trate.

Pero no todo consiste en colocar un molde lo suficientemente resistente como para soportar la carga que posteriormente debe recibir del hormigón, armaduras, vibrado, etc., sino que ha de ser construido de manera que luego, cuando el hormigón ya se ha endurecido lo suficiente para podérsele confiar las misiones para el que ha sido fabricado, se pueda retirar sin entorpecimientos, sin peligro para la obra y produciendo en los moldes los mínimos desperfectos posibles.

No sólo entran a formar parte de estos moldes para la puesta en obra del hormigón aquellos elementos que integran dicho molde, sino que también hay que contar con los apoyos, andamios, etc., que entran a formar parte de la obra auxiliar que se denomina encofrado y a la cual no se suele prestar, las más de las veces por ignorancia, la debida atención y el estudio que requiere el proyecto de un buen encofrado. Generalmente, se deja a la experiencia, a la práctica en estos trabajos, la confección del encofrado.

No debe desdeñarse, pues, la confección de un buen encofrado, procediendo con cuidado en cada una de sus partes, ya que cualquier fallo una vez echado el hormigón, cualquier reforma, tiene muy mala solución.

EL ENCOFRADO COMO CIENCIA Y COMO ARTE

En los países más adelantados de Europa existen unas escuelas para el estudio del encofrado de obras de hormigón, en las cuales, tras dos o tres años de aprendizaje, varias visitas a obras de importancia y valiosas prácticas, se expende un título o certificado acreditativo de poseer esos conocimientos. En España, y por el momento, no se puede decir que se haya dedicado una atención especialísima, como bien merece, a la técnica del encofrado y, salvo en las obras de considerable importancia, se deja al «encofrador» la preparación de los moldes adecuados. Pero este encofrador, que debería ser un técnico, la mayoría de las veces es un carpintero con pocos conocimientos del hormigón.

En la técnica del encofrado entran casi a partes iguales la ciencia y el arte: la ciencia, en cuanto toca a las partes resistentes que debe cumplir en su misión auxiliar, la facilidad de desencofrar, etc.; y arte, por el gusto en la confección de las distintas partes, el dominio de la carpintería aplicada a las necesidades que aquí se presentan.

Indudablemente, el hecho de que un obrero sea buen albañil o carpintero no puede por ello indicar que sea capaz o esté capacitado para ejecutar trabajos de encofrado dentro de las garantías que exige la técnica del mismo, sin olvidar en ningún momento lo concerniente a la parte económica, que es base de la construcción.

Debe exigirse pues, al encofrados, que domine la construcción del hormigón, los problemas que presenta, además de su maestría en el arte de la carpintería.

Por tanto, un buen carpintero montará un encofrado, si se quiere, perfecto, desde el punto de vista de su arte, es decir, con gusto, bien clavado y sus piezas bien distribuidas. Pero esto de poco nos servirá si no está calculado para resistir los esfuerzos encomendados a los moldes en los primeros momentos de «la vida» del hormigón. Esta técnica constructiva es, pues, la que debe adquirir el que quiera ser un buen encofrador.

Otra parte que jamás se debe olvidar es la del desencofrado. No basta con montar un molde perfecto, desde el punto de vista técnico y mecánico, sino que hay que tener en cuenta que, una vez cumplida la misión confiada al molde y ya una vez «entrado el hormigón en su mayoría de edad», en que ya puede valerse por sí mismo, ese molde ha de retirarse con facilidad, sin operaciones complicadas, sin destrozo de madera o del material empleado, antes bien procurando sacar «totalmente íntegros» cuantos más elementos empleados en el molde mejor, ya que con ello se rebaja enormemente el precio del encofrado y de la construcción, capítulo muy importante en toda obra. Por eso el montaje del encofrado debe estar previsto para un fácil desencofrado.

Hemos rozado de paso la cuestión del «ahorro» en esta materia y el lector nos perdonará si a lo largo de este libro insistimos repetidas veces en ello, ya que los encofrados en una obra representan un capítulo de gastos muy considerable, por lo que es fundamental estudiar previamente una obra antes de lanzarse alegremente a confeccionar tableros y moldes, ya que la economía obliga a utilizar «los mismos moldes el mayor número de veces posible».

II
HERRAMIENTAS
Y
MATERIAL

HERRAMIENTAS

Las herramientas que emplea el encofrador en sus obras son muy distintas y variadas, aunque se puede decir en términos generales que son idénticas a las que puede usar el carpintero corriente en sus trabajos habituales.

En las figuras 4 a 13 presentamos las más importantes de estas herramientas, las cuales vamos a describir brevemente:

Comenzaremos por la sierra de carpintero, que está representada en la figura 4. Esta sierra, como puede apreciarse, consta de una hoja de dientes oblicuos, que al moverse sobre una mismo línea, cortan la madera. Lleva unas empuñaduras en los extremos de la hoja, que permiten girar ésta y darle la inclinación conveniente. Un par de brazos y un larguero. Para tensar todo el sistema se emplea una cuerda que se arrolla sobre sí misma y que se sujeta una vez bien tirante, por reducirse su longitud, al trenzarla, con un travesaño, que se pasa al otro lado del larguero, de manera que le sirve de tope.

Otro utensilio es el cepillo (figura 5), cuya finalidad, según indica su nombre, es la de cepillar madera y rebajar ésta en los grosores que nos interesen. Está formado por un cuerpo, con una caja central, rectangular, un asidero, y la cuchilla o juego de cuchillas. Una cuña aprisiona a la cuchilla, haciendo presión con un tornillo.

El serrucho, que se ve en la figura 6, consta de un mango y una hoja grande, de forma más o menos trapezoidal, que está dentada y que corta o sierra por empuje. Con el serrucho se obtienen los aserrados de tablas, bridas y piezas pequeñas, para darles ya la dimensión definitiva y las correcciones que sean necesarias.

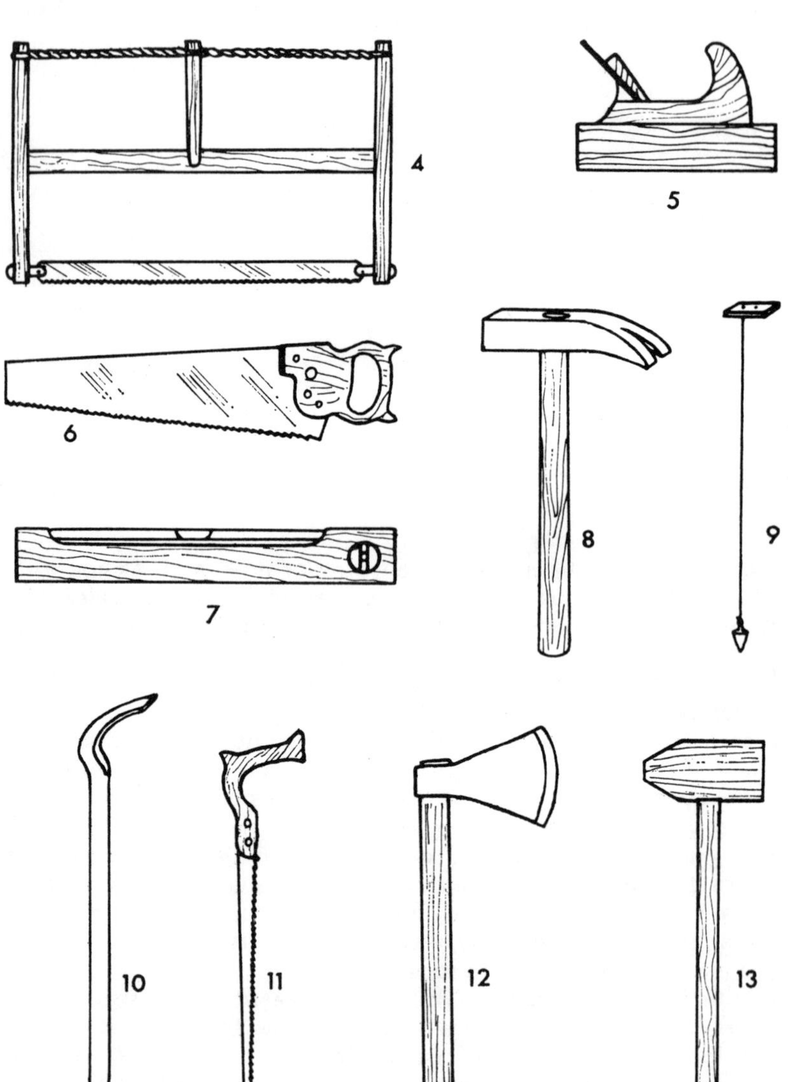

Figuras 4 a 13

Para nivelar los encofrados y, a la vez, ser también útil en la operación de «aplomado», se utiliza el nivel de aire o de burbuja (figura 7). Este nivel en nada difiere de los que usan los albañiles, y consta de uno o dos niveles; en este último caso, uno es vertical, colocados en una caja de madera y de forma que la superficie del nivel es exactamente paralela a la cara inferior de la caja, esto es, la línea tangente al tubo de cristal (que no es cilíndrico, sino ligeramente curvado), cuando la burbuja está centrada, es paralela al plano inferior de apoyo de la caja.

El martillo (figura 8), además de la cabeza maciza, tendrá por el lado opuesto unas uñas que servirán para arrancar los clavos mal colocados, torcidos, etc., así como hacer algunas hendiduras en la madera. Generalmente, son de mango corto, ya que se suele llevar en el bolsillo o atravesado «en pistolera» tras el cinturón.

Para guardar la verticalidad de las piezas se utiliza la plomada (figura 9), que consta de un plomo (esto no quiere decir que el cuerpo pesado que lleva en la punta sea de metal llamado así, ya que habitualmente suele ser de hierro) y un hilo. El plomo va en un extremo y por el otro del cordel se suele colocar un ojo, es decir, una pieza metálica, cuadrada, cuyo lado es el mismo que el diámetro del plomo, que suele ser de forma cónica. De esta forma, para aplomar una tabla, se apoya uno de los lados del ojo contra dicha tabla y el plomo debe de rozar la tabla. Basta hacer esta operación en puntos distintos para aplomar la pieza.

La barra de pata de cabra (figura 10) es una pieza maciza de hierro de unos 35 a 45 cm de longitud, una de cuyas puntas, como se ve en la figura, está curvada y que además lleva un corte o pata de cabra que se utiliza para sacar los clavos, para desencofrar, empleándolo a modo de palanca, etc.

El serrucho de vaciar o de calar (figura 11), es un pequeño serrucho que se utiliza para los vaciados. Consta de una pequeña hoja, muy estrecha, y el asa o mango.

El hacha del encofrado (figura 12) se utiliza en el desbaste de la madera, en aguzar y hacer hendiduras. Consta de una cabeza con hoja afilada en el mismo sentido que el mango.

La maza o martillo grande, también llamado el mazo, el macho (figura 13), etc., como su nombre indica, es un martillo de gruesa cabeza, cuya utilidad principal es la de clavar estacas y piezas en general gruesas y toscas.

Además de todas estas piezas ya descritas, no hay que olvidar las tenazas, barrenas, metro y lápiz de carpintero, la lima o escofina, la escuadra, etcétera.

Estas son, en términos generales, las herramientas usuales del buen encofrador, con los materiales necesarios para el desarrollo de su trabajo, como clavos, alambre de atar, etc.

CLAVAZON

En la técnica del encofrado el arte de clavar difiere enormemente de su homónima en la carpintería. En ésta se busca que el clavado de las distintas piezas tenga la máxima duración, la más perfecta unión entre las piezas, ya que todo está presidido por un único fin: la duración. En cambio, en el encofrado es muy distinto. Una vez que el molde ha servido para albergar el hormigón hasta su total fraguado, es necesario desencofrar, las más de las veces desclavando, levantando las clavazones de manera que las tablas de madera sufran lo menos posible, para poder utilizarlas en otras piezas de obras similares. Por tanto, la clavazón en el encofrado busca un doble fin:

1.° La unión de las tablas para que éstas puedan soportar estrictamente los esfuerzos a que deben quedar sometidos, pero no excediéndose en que la clavazón sea más robusta de esta necesidad.

2.° La facilidad de desencofrado. Si empleamos clavos de mayor diámetro y longitud que los adecuados (y que aproximadamente iremos indicando en los distintos casos de encofrados que presentaremos a lo largo de esta monografía), la dificultad de desencofrado crece con estas dos magnitudes, por lo que entorpeceremos la operación del desmoldeo.

NOMENCLATURA

Como ya hemos dicho, ya iremos indicando en cada ejemplo el tipo de clavos más adecuados para la clavazón de las tablas. Conviene, pues, establecer un sistema sencillo y general para distinguir los distintos tipos de clavos, púas o puntas de París que se utilicen. Lo más corriente se que los clavos se distingan por su diámetro y longitud. Así un clavo cuyo diámetro sea de 3 mm y su longitud de 50 mm, lo escribiremos que es un clavo de 30/50, de manera que siempre el primer número indicará que ése es su diámetro medido en décimas de milímetro, y el segundo, que es su longitud medida en milímetros.

Las medidas más usuales de clavos utilizados en encofrados corrientes suelen oscilar entre los 24/50 a 30/70. En clavazón de pequeñas piezas suelen empiearse clavos más pequeños, tales como el 18/36, y en cambio para tableros gruesos y tacos se suelen utilizar de hasta 36/85 y aun más.

TABLAS PARA ENCOFRAR

Aunque sería muy conveniente que en España se unificaran los distintos tipos de tablas para encofrado con el fin de estandarizar esto, según se ha hecho en varios países, lo cierto es que las dificultades de un normal abastecimiento y el elevado precio que ha alcanzado en el mercado la madera, empujan al encofrador a emplear cualquier tipo de tabla que le viene a mano, para lo cual tiene que emplear parte de su tiempo en operaciones que no le son propias de su oficio, aserrando, recreciendo, etcétera, las piezas de que dispone para adaptarlas a los fines que persigue.

Los gruesos de las tablas para encofrar suelen ser de 2,5 cm, que es más que suficiente para los moldes, con un ancho que debería oscilar lo menos posible de los 10 cm, y diversos largos.

Con este tipo estandarizado de tablas, se evitaría en gran manera la clasificación de la madera según los usos que se vaya a hacer de ellas, tales como tornapuntas, bridas, embarrotados, cuñas, etc.

Pero, como decimos, el encofrado se tiene que adaptar a los diversos tipos que existen en el mercado para sus distintos usos.

III

ENCOFRADO DE CIMIENTOS

EL TERRENO

Las cimentaciones son los elementos de las construcciones más íntimamente ligados al terreno sobre el cual se asientan.

Generalmente, los cimientos quedan invisibles, enterrados en el suelo y por debajo de la fábrica vista. Por ello, los encofrados suelen ser más toscos, menos cuidadosos, además de ser menos completos, ya que se utiliza parte del terreno como encofrado, si éste se ha excavado con las dimensiones adecuadas para las piezas de hormigón que se han proyectado.

En cimentaciones se suelen proyectar dados para arranque de pilares, vigas de cimentación corridas entre pilares, vigas entre cabezas de pilotes, losas de hormigón, etc.

Cuando la cimentación va enteramente enterrada y el terreno no es duro, de manera que se ha excavado con taludes verticales y con las dimensiones proyectadas para la cimentación, no se emplea encofrado, ya que los taludes del terreno sirven de moldes. Si se emplease encofrado, se perdería la madera al no poder sacarla, y además no tendría ningún objeto, ya que el terreno cumpliría las funciones de aquél.

A veces no es posible darle al terreno taludes verticales, pero sí sin apenas talud, de manera que el exceso de hormigón que representaría el rellenar todo el pozo o zanja con hormigón compensaría el costo del encofrado, en cuyo caso también suele suprimirse éste, quedando los cimientos con un pequeño exceso.

En terrenos flojos, en los que no hay la posibilidad antes apuntada, pero que son lo suficientemente consistentes como para soportar debidamente la masa del hormigón que gravita sobre ellos, se necesitará encofrar solamente las partes laterales de la pieza a hormigonar, sirviendo el fondo del terreno como un tablero más. En este caso, la anchura de la excavación será un poco mayor de la proyectada con el fin de poder introducir y colocar los tableros laterales con cierta facilidad, así como, una vez ter-

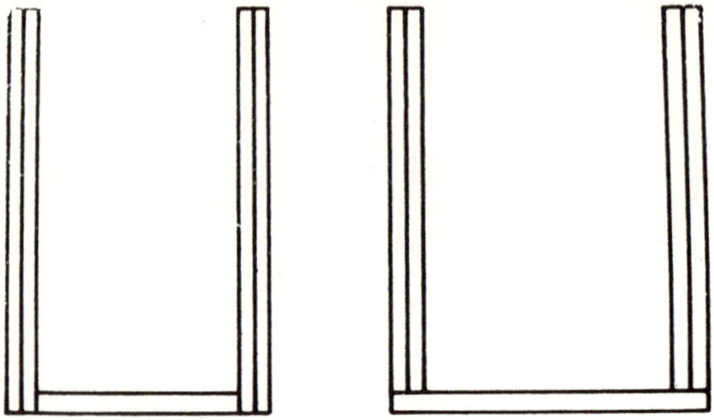

Correcto Incorrecto

Figura 14

minado el período de fraguado necesario, poder retirar la madera con el menor desperdicio posible.

En los casos extremos en que el terreno no pueda soportar la carga del hormigón y los cimientos se construyan como vigas entre apoyos más profundos, se hará necesario el encofrado del fondo mediante un tablero. Será un caso similar al de una viga. Se tendrá en cuenta que el tablero del fondo debe clavarse «entre» los dos laterales, ya que para el desencofrado se quitarán primero los laterales y el fondo todavía deberá dejarse más tiempo. Si se clavase «debajo» de los costeros o laterales, la operación de desencofrado será más trabajosa, ya que en el desclavado habría que hacer esfuerzos sobre el fondo. En cambio si se clava entre los costeros, los clavos se sacan lateralmente, apoyando la barra de pata de cabra sobre dichos laterales. En la figura 14 indicamos las dos maneras citadas de encofrados, para que el lector pueda apreciar las dificultades de desencofrado que hemos dicho.

Para fijar los laterales se suelen utilizar codales, que se apoyan por un extremo en el tablero y por el otro en el terreno, afianzando de esta manera el molde contra el empuje del hormigón, tornapuntas o puntales apoyados en piquetes, estacones, etc.

En el caso en que el terreno no soporte la carga de hormigón y haya que poner tablero de fondo, se hará preciso un buen realce y apoyo, de manera que dicho tablero no ceda al echar el hormigón. Pero habrá que tener sumo cuidado en la colocación de dichos apoyos, por lo que se deberá ampliar la base de apoyo, es decir, que se dispondrá una tabla tal como indica la figura 15. Ya con ello, la superficie de apoyo en el terreno es grande y, por tanto, la carga por unidad de superficie es pequeña, soportando con seguridad el peso que se le transmita de la obra.

Como medida elemental, se limpiará siempre el terreno en donde deba apoyarse un codal de toda tierra vegetal suelta, por lo menos en un espesor en el que estemos seguros de que el terreno no va a ser más consistente y firme.

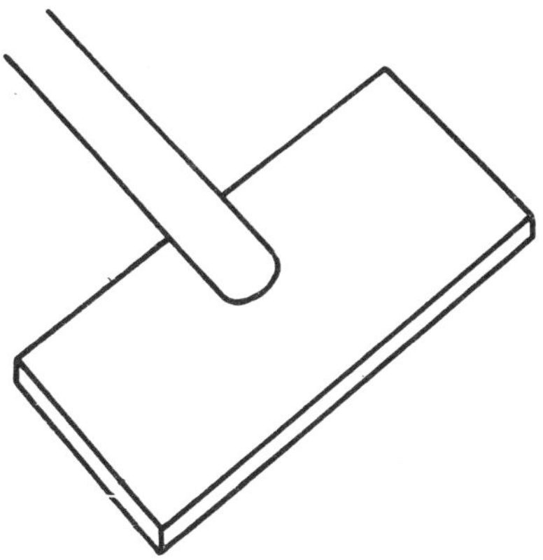

Figura 15

PREPARACION DE LOS TABLEROS

Cuando se trata de una obra de poca envergadura, en la cual sólo se vayan a utilizar los tableros una sola vez, por lo general no convendrá que la clavazón sea excesiva. Con ello se abreviará el trabajo del encofrador, tanto en el montaje del tablero como a la hora de desencofrar.

Si los elementos de obra exigen que el encofrado sea duradero, lo que equivale a decir que se haya de utilizar en varias ocasiones (tal es el caso de una edificación que tenga una serie de vigas de cimentación exactamente iguales), es necesario que se cuiden extremadamente los tableros, para sacarles el máximo rendimiento, ya que la economía en la obra es de notar.

Se dispondrán embarrotados para dar mayor resistencia a las piezas, con clavazón adecuada. Se pueden utilizar clavos de 26/58, poco más o menos, para que adquiera solidez el tablero y pueda resistir las diversas operaciones de encofrado y desencofrado con las garantías de bondad exigidas a todo encofrado, si bien, naturalmente, los cimientos son menos delicados que cualquier otra pieza de la estructura.

Por lo general, los encofrados suelen prepararse en el taller, de manera que en la obra sólo se procederá a su montaje, después de ser sometidos a ligeros retoques para encajar los distintos elementos en su sitio. Cuando se trata de encofrados ligeros, éstos pueden ser preparados en la misma obra, de importancia, lo más conveniente es montar un taller de encofrado en ella misma, de manera que quedará anulado el capítulo de transportes y se facilitarán las diviersas operaciones de rectificado, reconstrucción de tableros que después de un desencofrado han quedado un tanto defectuosos, pero todavía con las garantías de poderse emplear en nuevos desencofrados.

DIMENSIONADO

Si el terreno es lo suficientemente consistente como para que la excavación pueda mantenerse con paredes verticales, pero la cimentación que-

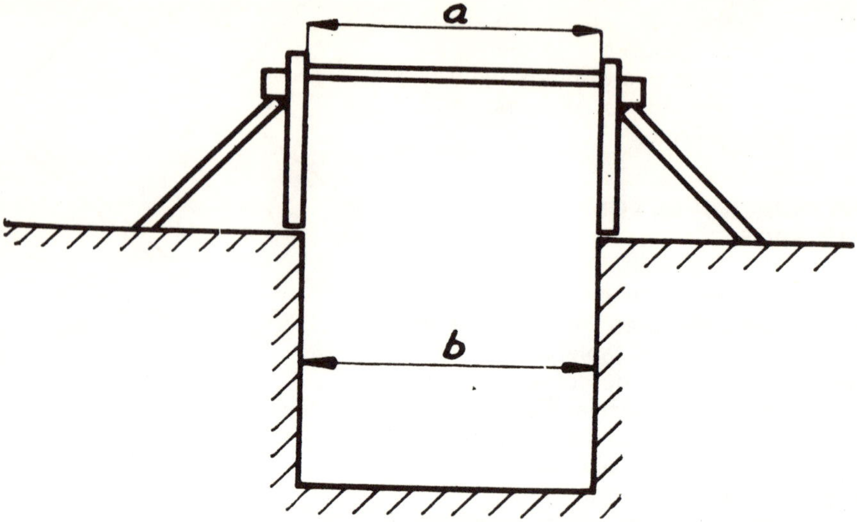

Figura 16

da algo por encima del pleno del terreno, habrá que emplear unos tableros para completar la falta de altura, tal como se puede ver en la figura 16. Para este tipo de encofrado «a medias» se dispondrán los tableros con sus barrotes de hinca, para fijarlos al terreno. Una carrera irá a todo lo largo del tablero, por su parte superior, en el cual se apoyarán los puntales y tornapuntas. De trecho en trecho se colocarán unos codales de madera que mantengan debidamente separados los tableros para contrarrestar el empuje de los tornapuntas o puntales. Por lo general, al encofrar, la separación entre tableros suele ser un poco menor que la marcada en proyecto, ya que por la presión del hormigón, aquéllos tenderán a abrirse. Por lo tanto, en conveniente darle a **a** un centímetro o centímetro y medio menos que a la dimensión **b**.

Hay que tener precaución en la adecuada disposición de los tornapuntas y puntales, ya que si éstos están mal colocados, flojos o a intervalos excesivamente amplios, la presión del hormigonado (no sólo el que produzca el hormigón por sí, sino el resto de operaciones anejas, tales como el vibrado de la masa, atacado, etc.) puede producir flexiones laterales que, si en la mayoría de los casos no son peligrosas para la obra, son antiestéticas y pueden inducir a errores en el resto de la obra de fábrica.

Si el hormigón es fluido, habrá que cuidar el ensamble de las tablas que componen el tablero total, ya que si no se ha cuidado debidamente, por las grietas u holguras del entablado se colocará el mortero, reduciendo la dosificación del hormigón, produciendo chorreones en las tablas, y, lo que es peor aún, al salir la parte más fina del aglomerado, cemento y arena, quedarán algunas coqueras en dichos lugares.

A veces, por la especial disposición de los tornapuntas, los tableros tienden a caer hacia adentro, es decir, a reducir la luz, por lo que suelen colocarse alambres que atirantan y llevan el encofrado a su sitio. Estos tirantes reciben el nombre de **latiguillos.**

Naturalmente, cuanto más alto sea el encofrado, tanto más resistente ha de ser, ya que más presión ejercerá el hormigón sobre los tableros existiendo, por tanto, más peligro de que éstos fllexionen y tomen «forma». En muros de cierta altura, se emplea el sistema de hormigonado por tongonadas o por capas, con lo que decrece grandemente el peligro de la flexión, al quedar alturas de hormigonado bastante menores.

TALLER DE MONTAJE

En el taller de montaje y preparación dispondremos de todas las herramientas necesarias y que suelen ser las mismas que figuran en un taller de carpintería de cierta categoría. Como la labor principal a realizar es la de la clavazón de las tablas, que previamente se habrán colocado en su sitio, clasificadas debidamente por sus tamaños, es muy conveniente disponer de mesas de trabajo. Estas mesas se obtienen sencillamente con caballetes y tableros, sobre los cuales iremos apoyando las nuevas piezas a fabricar.

ALGUNAS IDEAS INTERESANTES SOBRE MONTAJE DE TABLEROS

Conocida la longitud de la pieza a encofrar, comenzaremos por buscar tablas de la medida dada. En la mayoría de los casos, tendremos que cortar la longitud de las tablas o añadir otras para obtener la longitud exigida. Tengamos siempre presente que , como norma general, vale más añadir que cortar, si esto es posible, ya que «madera cortada, madera desperdiciada».

Lo más conveniente sería encontrar dos piezas de tabla de madera que su longitud total fuera la deseada, con el fin de desperdiciar el menor material posible. Una vez conseguido esto, y para obtener el ancho de la pieza, habrá que unir varias tablas por medio de barrotes, tal como se ve en la figura 17. El primer barrote no se debe colocar a tope con las tablas, es decir, que ambas cosas empiecen al mismo tiempo, sino que se debe clavar el barrote a un par de centímetros o tres, a lo sumo, más allá del extremo de las tablas. Con ello se evita que los barrotes se desclaven por efecto de cualquier golpe que reciba el extremo del tablero.

Para dar mayor resistencia a los tableros, los barrotes así clavados en los extremos se afianzarán con dos clavos a todas las tablas, lo que evitará cualquier deformación. El resto del embarrotado se suele cla-

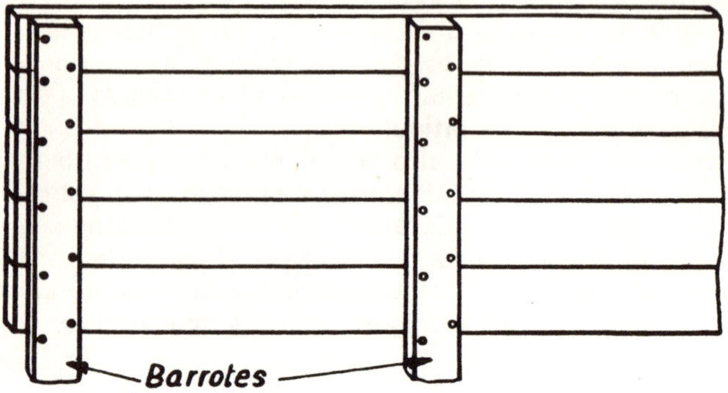

Figura 17

var con dos clavos en las tablas de arriba y de abajo, y el resto con un solo clavo. Ello es más que suficiente para asegurar un buen tablero.

No conviene que los clavos queden en los extremos de los barrotes o de las tablas, sino que queden desde el lugar de clavado a dicho extremo por lo menos unos dos centímetros y medio, con el fin de que si una de las tablas sufriera algún golpe o esfuerzo, no rasgase la madera.

Si al clavar un clavo se nos tuerce la cabeza, lo inmediato es sacarlo. Jamás debemos remacharlo y colocar otro nuevo junto a él. Esto sería de pésimos carpinteros. Pero el mal no quedaría ahí, sino que perjudicaríamos la tabla, ya que el clavar un clavo abrimos una herida o rasgadura en sus fibras, luego al poner otro junto a él, esta grieta aumentaría, debilitando, por tanto, toda clase de resistencia. De ahí que tablas delgadas o de mala madera tiendan a resquebrajarse por los clavos.

Las tablas a emplear en las piezas de encofrado han de ser de buena calidad, sin alabeos ni otros defectos que, al poco de usar los tableros, con la humedad del hormigón y los trabajos a que se ven sometidas en el encofrado y desencofrado, habrá que sustituirlas con grave perjuicio económico, ya que se derrocha material y mano de obra, con la natural pérdida de tiempo en la buena marcha del hormigonado, que no debe de perder el ritmo marcado.

En la figura 18, vemos un tablero conforme a las normas indicadas. Se ha dimensionado, para dar una idea sobre distancias más convenientes a que deben ir los distintos elementos que lo integran (tablas, barrotes, clavos).

Este dimensionado que damos en la figura 18 no debe tomarse como regla general, ya que en cada caso particular variará la disposición del embarrotado. La altura o ancho en el sentido transversal de las tablas y la presión que ejerza sobre el encofrado la masa de hormigón, determi-

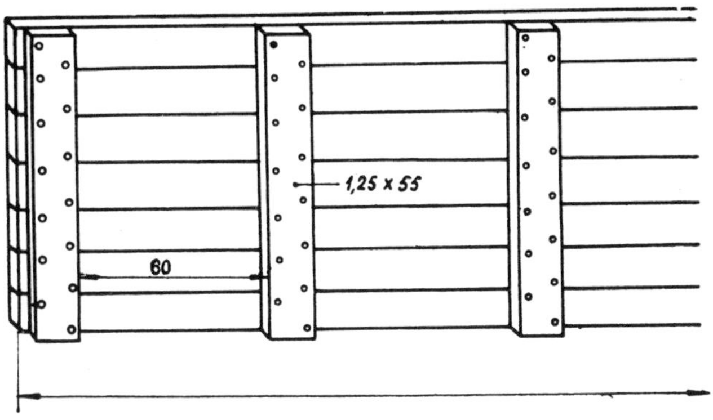

Figura 18

narán la distancia (y por lo tanto el número) de los barrotes a emplear.

Para barrotes se suele emplear escuadrías iguales o poco mayores que las empleadas para las tablas, es decir, de 25 mm × 100 o más.

Para dar mayor claridad a nuestras explicaciones, denominaremos por **barrotes extremos** a los que están al comienzo y final de la pieza, aquellos que se colocan a 2,5 cm de los bordes de las tablas. A los demás, los llamaremos indistintamente **centrales, interiores o intermedios.**

No siempre son suficientes los barrotes para absorber los esfuerzos de flexión producidos por el empuje de la masa de hormigón no siendo conveniente ni económico prodigar en exceso el número de éstos. Entonces, se recurre a las **carreras,** que son unas tablas que se disponen horizontalmente en la parte alta del encofrado, de manera que impiden

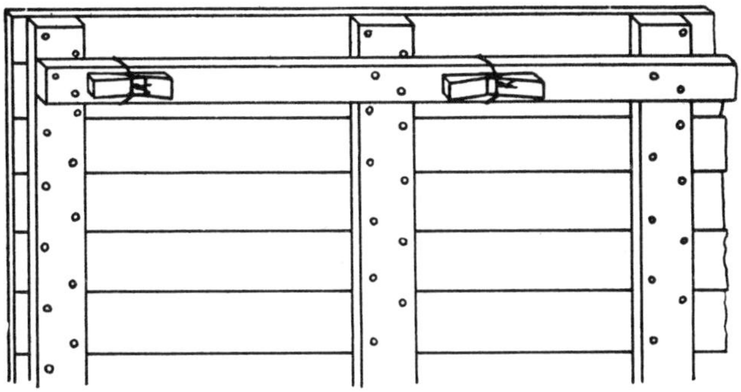

Figura 19

la deformación de éste, tal como se indica en la figura 19. Con este notable refuerzo, en el que además se suelen apoyar los puntales y tornapuntas, se elimina el peligro de flexión.

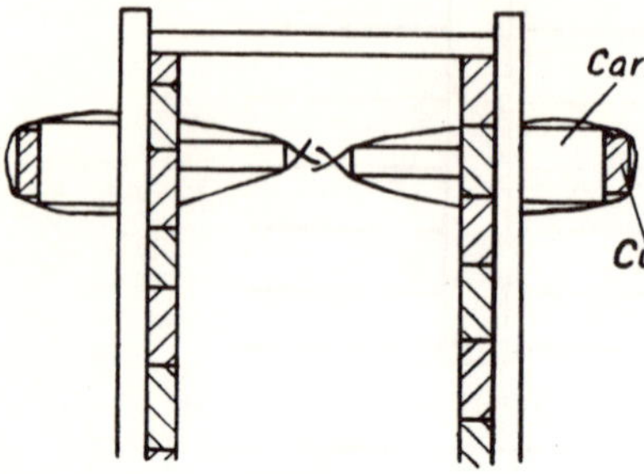

Figura 20

Las carreras no van clavadas ni a las tablas ni a los barrotes, como en un principio podría creerse, sino que se sujetan con alambre de atirantar. Para dar mayor presión, entre la correa y el cable, se van introduciendo unas cuñas hasta que se consigue una eficaz tirantez. Véase la figura 20, en la que se indica esquemáticamente cuanto decimos.

ESQUINAS

En las esquinas (figura 21), sobre todo en el interior de la misma, quedan perfectamente encajados los dos tableros que se encuentran, ya que al disponer los barrotes extremos a dos centímetros y medio del comienzo de las tablas, que es el grosor de las mismas, se acoplarán ambas piezas, quedando, además, encajados los dos barrotes, sirviéndose mutuamente de refuerzo. En la parte exterior de dicho encofrado se deberá reforzar con tablas verticales, si la presión que vaya a ejercer el hormigón, es grande.

Para mayor refuerzo, se suele utilizar una segunda carrera en la parte baja del encofrado y aún cuando se tema un gran empuje del hormigón y el embarrotado sea suficiente para soportar con las debidas garantías de resistencia dicho esfuerzo, se tomará la precaución de disponer un embarrotado con tablas de canto, es decir, tal como se ven en la figura 22, ya que es sabido que la resistencia a la flexión, en nuestro caso, aumenta considerablemente con la dimensión **b** de la pieza. Este tipo de embarrotado se suele llamar de **costillaje** y **costillas** a las tablas así empleadas.

PROLONGACION DE TABLEROS

Ya hemos indicado que no siempre la longitud de los tableros coincidirá con la de las tablas, por lo que, en la gran mayoría de los casos, será necesario prolongar las piezas. Será entonces conveniente que no todas las tablas terminen en una misma vertical, sino que los largos se

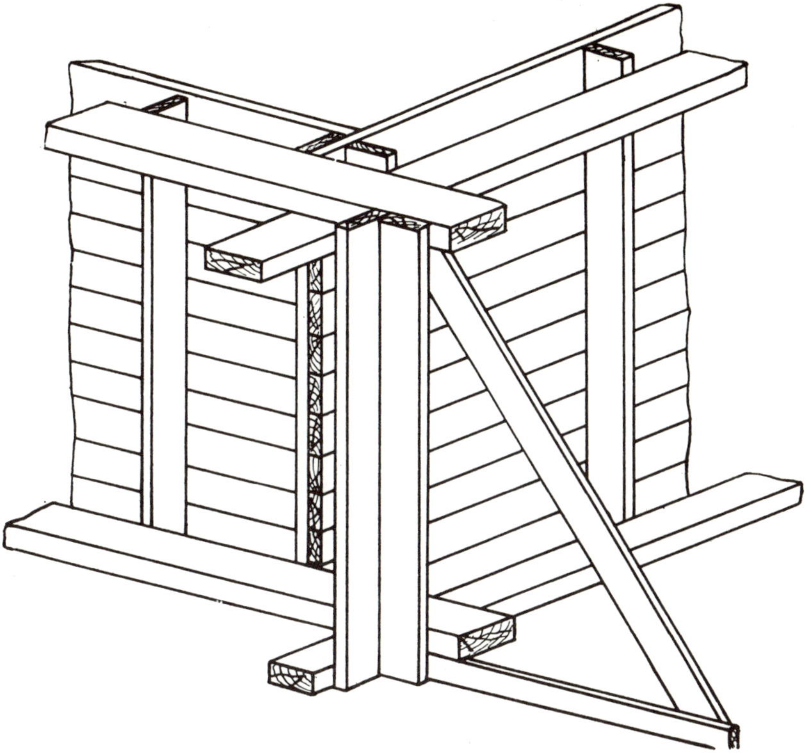

Figura 21

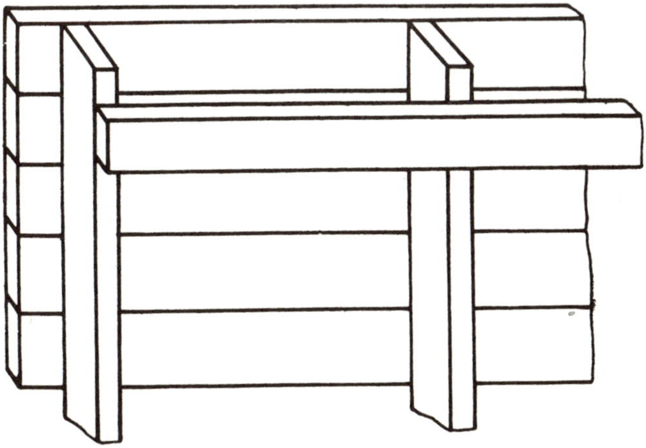

Figura 22

vayan distribuyendo de manera que no coincidan esos puntos débiles que constituyen los empalmes de las tablas. Lo que sí es indispensable es que sobre dichas juntas se clave un barrote, para dar mayor resistencia a la unión.

Será, desde luego, fundamental, que los empalmes de las tablas sigan un orden de sucesión, para evitar el que caigan más de dos sobre un mismo barrote. Aunque en casos extremos, naturalmente, no habrá más remedio que unir sobre una misma vertical más de tres tablas, por lo que el barrote deberá reforzarse debidamente.

MISION DE LA CLAVAZON EN LOS TABLEROS

Ya hemos indicado que los clavos tienen por misión la de hacer de varias piezas (tablas) y unos barrotes transversales, una unidad movible, transportable, sin que pueda sufrir deformaciones, alabeos ni desperfectos en las diversas operaciones a que debe de quedar sometida durante su empleo.

Donde más suele sufrir el tablero es precisamente en las operaciones para las que no ha sido destinado, tales como desencofrado, traslado, etc. Cuando se pone en obra, salvo las operaciones del encaje de las distintas piezas, la labor del clavo es bastante escasa, ya que durante el proceso de fraguado del hormigón la misión resistente del clavo es casi nula.

Por todo ello, el buen encofrador, tras de cerciorarse de la misión del encofrado en las distintas piezas de hormigón que lleva una obra, deberá saber la clase de clavos que más le conviene emplear. Como el espesor de madera empleada en los encofrados es de 25 mm, resultará que los clavos de más de 50 de longitud saldrán al otro lado de la tabla, después de haberse hundido bien la cabeza en el barrote, por lo que se deben «doblar» y remachar contra el tablero, como si tratáramos de clavarlos nuevamente en la madera. Así quedará bien clavado el barrote al tablero y a la hora de desarmarlo, en caso de que nos interese esa opearción, no hay más que enderezar el clavo y sacarlo con el auxilio de la barra de pata de cabra.

ALGUNOS MODELOS DE ENCOFRADOS PARA CIMIENTOS

En un cimiento en que se ha abierto la zanja con más ancho que el necesario para el cimiento (lo que sucederá en terrenos sueltos, en donde ha de darse cierto talud para que se sostengan por sí mismos, tal como se ve en la figura 23), y por lo tanto el tablero de encofrado será de la misma altura del cimiento (o mejor un par de centímetros más alto), se emplean tableros de la forma que se indica en la figura 24.

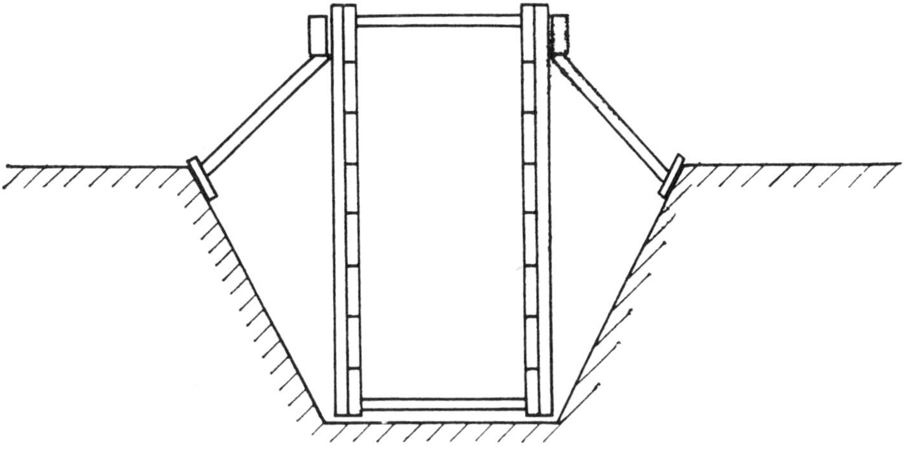

Figura 23

La distancia entre barrotes será de unos 80 cm, aunque como ya hemos indicado, será la presión del hormigón a soportar la que mande a la hora de disponer el embarrotado.

Cuando el terreno sea lo suficientemente consistente y su rasante coincida con la de la base del cimiento (total o permanentemente), se puede emplear cualquiera de los dos tipos de encofrado indicados en las figuras 25 y 26.

La figura 27, representa el corte transversal de un encofrado como los descritos.

Una vez ya previsto el tipo de tablero a emplear, confeccionado en el taller y trasladado a obra, procederemos a la puesta en obra.

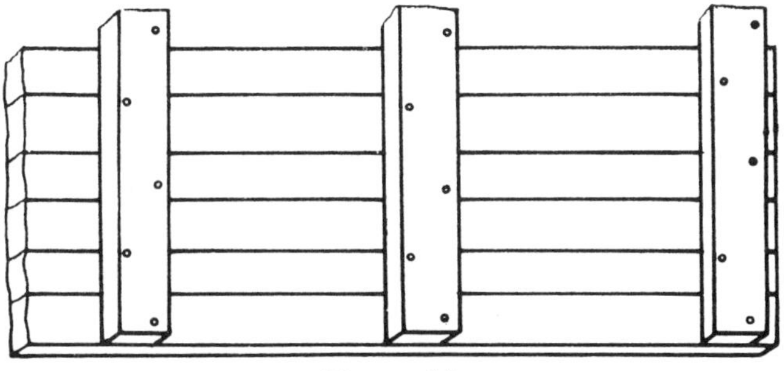

Figura 24

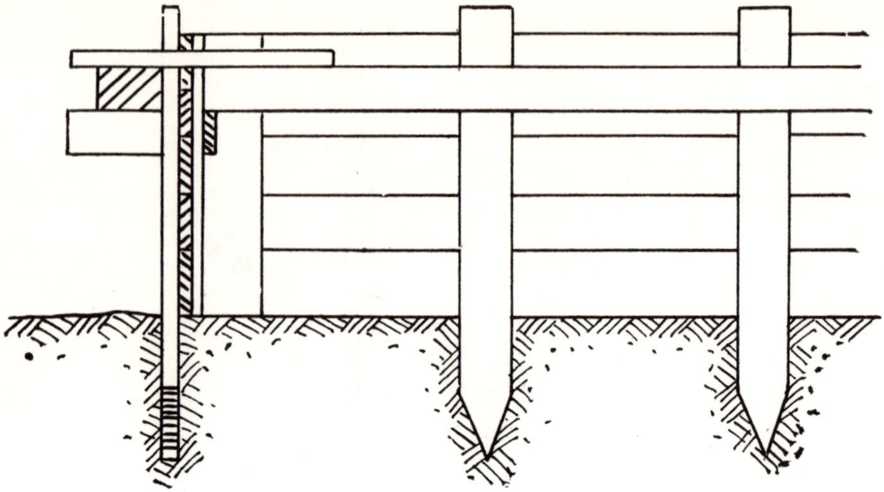

Figura 25

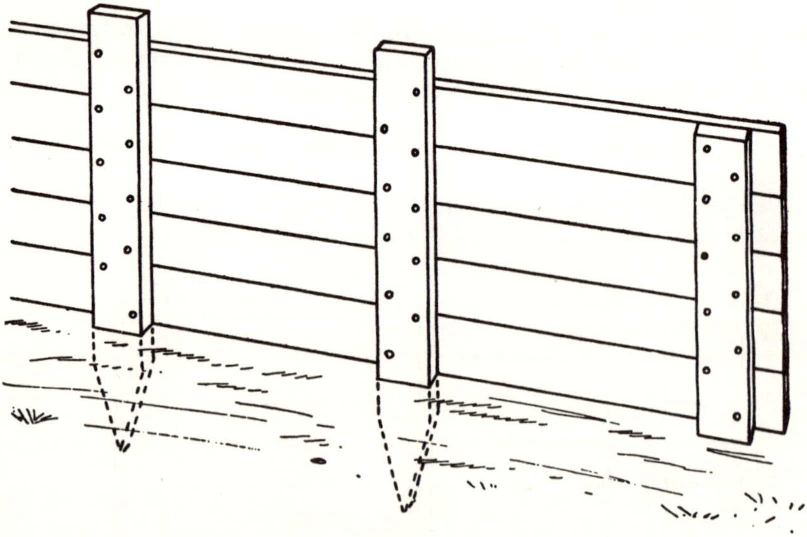

Figura 26

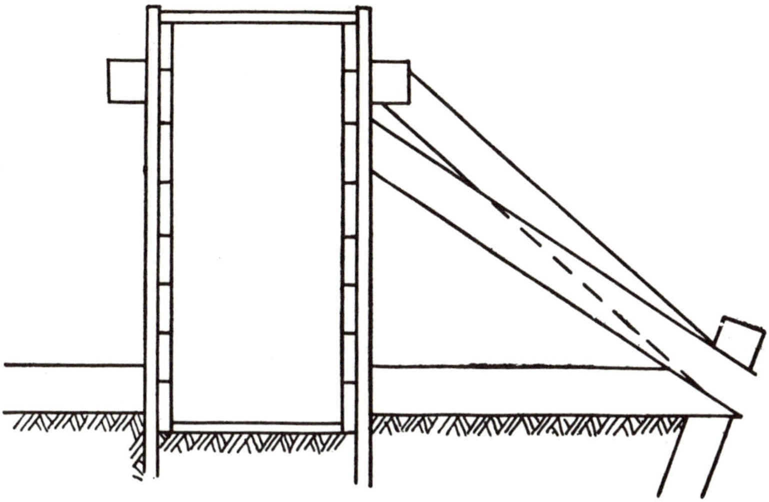

Figura 27

PUESTA EN OBRA

Antes de llevar al punto de empleo los tableros, hay que asegurarse bien de que las zanjas para los cimientos estén no sólo abiertas, sino en las condiciones que convengan al encofrado. Es decir, que no bastará que la zanja sea la indicada en los planos para las dimensiones que debe de tener el cimiento «una vez terminado», sino que tendrá la anchura y profundidad que haga fácil y conveniente la colocación del encofrado calculado.

Porque, indudablemente, todo encofrado necesita un cálculo y un estudio racional, no una improvisación, a lo cual están muy acostumbrados los que se llaman a sí mismos encofradores.

Una vez, repetimos, que estén las zanjas abiertas conforme a las necesidades del encofrado, procederemos a preparar los diversos materiales que son auxiliares del encofrado, tales como codales, puntales, tornapuntas, carreras y alambre de atirantar. También es conveniente tener preparados algunos tacos de madera, cuñas, etc., además de, naturalmente, los clavos que hayamos elegido como los más idóneos.

Tomaremos, como primera operación, un tablero que, cogido por los extremos, lo llevaremos al lugar que debe ocupar. Puesto así provisionalmente, veremos dónde conviene ir clavando en el terreno los piquetes, midiendo a ojo la distancia de manera que luego, al colocar las tornapuntas, queden éstos con la inclinación media de los 50°.

Después de esta operación previa, volveremos a situar el tablero en la posición definitiva, la cual estará determinada por el replanteo de la obra (con camillas, estacas con puntas, etc.) y conforme a la planta de cimientos y a las ulteriores reformas que pudiera haber sufrido el proyecto.

Para fijar el tablero se pueden clavar unos tochos o recortes de redondo tras el tablero, por la parte exterior. Esto puede fijar la parte baja del tablero.

No teniendo estos tochos a mano, se coloca una tabla contra el tablero, en su parte inferior, por un extremo, y por la otra se clava a los piquetes que habíamos colocado en un principio, con lo que ya tendremos colocado el tablero inferiormente en la línea que nos interesa. Convencidos de que ya el tablero no puede correr hacia afuera, tendremos que operar en el aplomado del tablero. Pondremos para ello el nivel o la plomada en varios puntos para convencernos de su total verticalidad, hecho lo cual, tomaremos tornapuntas para situarlos de manera que el extremo más alto de éste se apoye en la parte superior de un barrote, clavándolo por el otro extremos al piquete.

Se colocarán cuantos tornapuntas se considere necesario para afianzar debidamente el tablero, teniendo en cuenta que son ellos los que transmiten el empuje del hormigón sobre el tablero al piquete, por lo que no deben de flexionar o pandear bajo esta clase de esfuerzo.

Figura 28

Los **piquetes,** que son preferentemente de rollizo y desperdicios, deberán estar bien clavados, ya que de lo contrario, el empuje de los tornapuntas, una vez echado el hormigón en el encofrado, desclavaría o movería los piquetes con grave peligro de la obra.

En la figura 28, se indica aproximadamente la inclinación que es conveniente dar, tanto a los tornapuntas como a los piquetes, de manera que éstos puedan soportar en buenas condiciones el empuje de aquéllos. Dependerá de la naturaleza del terreno al que se tengan que clavar más o menos, para realizar debidamente su trabajo.

Los tornapuntas pueden ir apoyados contra el piquete o clavados lateralmente, tal como se ve en las figuras 29 y 30. En la figura 29, vemos el tornapuntas apuntalado contra el piquete, en tanto que

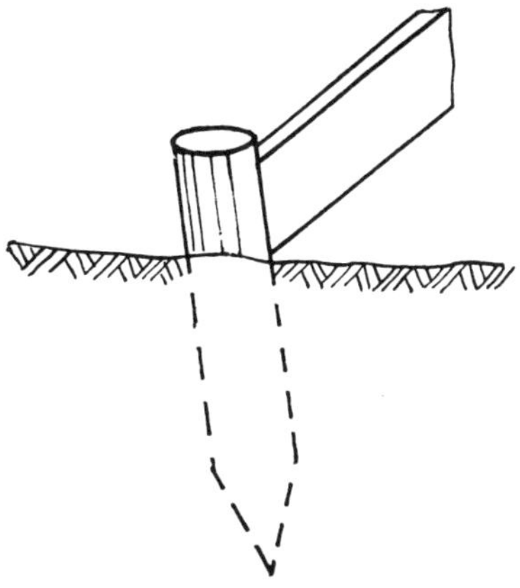

Figura 29

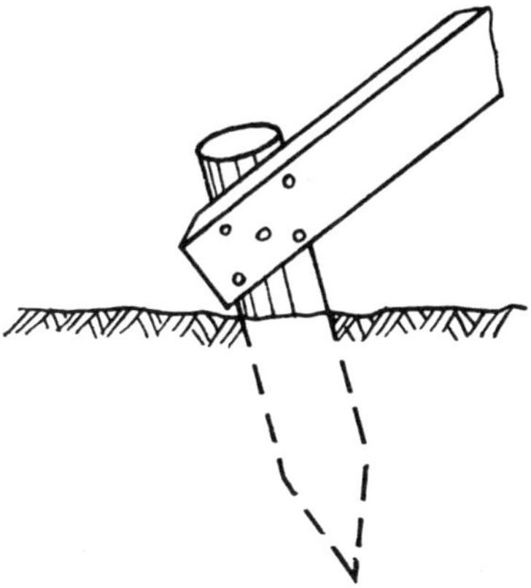

Figura 30

en la figura 30 queda clavado lateralmente. Ambos sistemas se emplean indistintamente y son buenos.

Es también conveniente, y esto se hace en el caso en que se clave el tornapuntas al piquete, que se clava una tabla horizontal que va desde el piquete (por el otro lado en que ha sido clavado al tornapuntas) hasta la parte inferior del barrote, con lo que se refuerza la acción de los otros elementos. Ya sabemos que la figura geométrica indeformable es el triángulo y, por lo tanto, mecánicamente se construyen todas las piezas resistentes «triangulando» su figura.

Realizadas todas estas operaciones con uno y otro tablero de ambos lados del encofrado, se procede a acodalar y atirantar dichos tableros para que no puedan ceder en la parte superior.

REFUERZO DE ENCOFRADOS

El descrito anteriormente es un encofrado sencillo, en el que el empuje del hormigón no es considerable, por lo que las piezas que hemos descrito serán suficientes para no deformarse durante las operaciones del hormigonado.

Pero cuando por diversas causas, tales como la altura del encofrado, su longitud, grueso o cualquier otra causa que motive el refuerzo de los tableros para su mejor trabajo en obra, se debe disponer de otras piezas que hagan más eficaz la labor del encofrado. Tales piezas pueden ser: los ejiones, las carreras, las dobles carreras, etc.

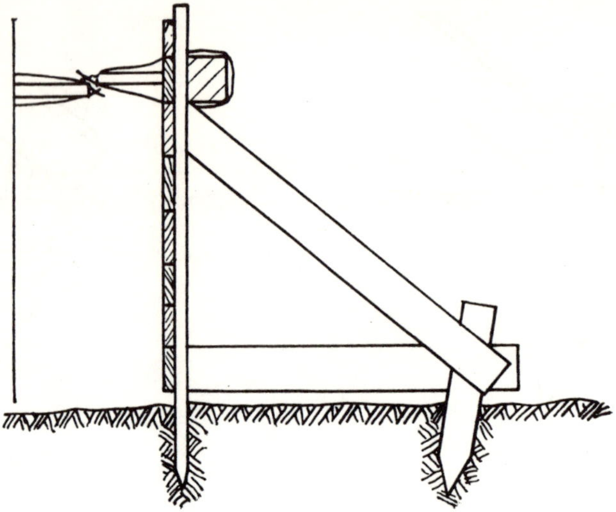

Figura 31

Ejiones

Son piezas o recortes de tabla de 12 a 18 cm de largo, que se clavan en la parte superior de los barrotes extremos y uno intermedio, si el tablero tiene mucha longitud. Esta altura debe ser tal que, al colocar apoyada encima la carrera, sobresalgan unos centímetros de tablero. En la figura 31 se ve la colocación de los ejiones en un tablero. La distancia aproximada que debe haber entre ellos suele ser, aproximadamente, de unos dos metros, y a una altura de manera que las carreras aún salgan por encima de los tableros hasta unos cinco centímetros o poco más.

Carreras

Estas piezas se suelen fabricar con cuadradillo también llamado **alfarjia,** de escuadrías de 8 por 8, 10 por 10 ó 12 por 12, según los casos, utilizando los de mayor escuadría para los tableros que deban soportar grandes esfuerzos. La misión de estas piezas es la de dar solidez a los tableros en sentido horizontal, es decir, que el esfuerzo que soporta el tablero a causa de la presión del hormigón, se transmite a las carreras, las que, a su vez, lo transmiten a los barrotes, de los que, finalmente, pasan estas cargas al terreno.

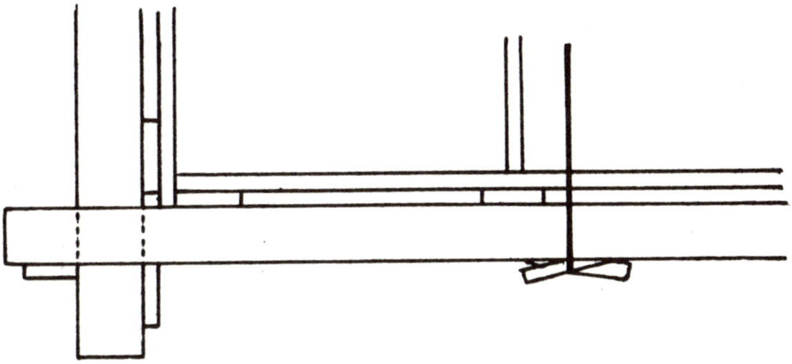

Figura 32

En los encuentros de tableros de las esquinas por lo general las carreras se cruzan, es decir, sobresalen del tablero varios centímetros, de manera que se refuerzan con unas tablas que impiden la deformación de los tableros al hacer de tope entre las carreras. En la figura 32 vemos un pequeño detalle de cuanto decimos.

Una vez colocados los ejiones, se presentan las carreras, se las presiona fuertemente y se van clavando a cada barrote con clavos de gran longitud (hasta unos 70 milímetros).

Si colocásemos dos tableros para la construcción de un encofrado de cimientos, afirmados y afianzados por los barrotes, este paralelismo difícilmente podría mantenerse en cuanto tuvieran que soportar los esfuerzas del hormigonado e incluso cualquier otro esfuerzo que tendiese a deformarlos, tales como apoyo de los operarios, empuje de las carretillas al verter el hormigón, etc. Para conseguir la indeformabilidad de los tableros en cuanto a la separación de los mismos se refiere, se emplean las ataduras de alambre, llamadas **latiguillos,** y que sirven para impedir que los tableros se separen, y los **codales,** que son unas piezas de madera que tienen la longitud igual a la anchura del encofrado, es decir, de la pieza a hormigonar. Estos codales impiden que los tableros se venzan hacia dentro, disminuyendo, con ello, el ancho de cimentación. Se disponen codales en el fondo del encofrado, en la parte mediana y en la superior, que se suelen quitar conforme va subiendo la masa del hormigón. Los latiguillos se quedan en el encofrado hasta que el hormigón ha fraguado y se desencofra, cortándolos a ras de la superficie del hormigón, lo que en algunas regiones suelen llamar **desbarbado.**

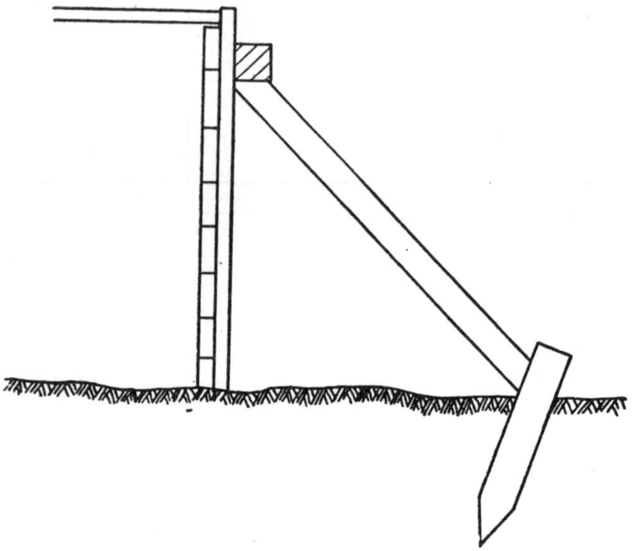

Figura 33

Puntales

Los puntales se disponen para transmitir al terreno los esfuerzos que reciben en los tableros los barrotes, es decir, que se colocan tal y como se indica en la figura 33. Estos puntales se sitúan a distancias convenientes, según los esfuerzos que deban soportar. Es muy corriente disponer uno cada metro, poco más o menos.

Además de todas estas piezas descritas, que podemos calificar como de sistema principal de resistencia de los tableros, quedan todavía una cantidad de pequeñas piezas destinadas a «redondear» o afinar el trabajo del encofrado, para llevar los tableros a su posición exacta, ya que con la colocación de todas las piezas anteriormente citadas, los tableros no habrán quedado en su posición exacta. De entre estas pequeñas piezas, la misión principal es encomendada a las **cuñas.** Estas cuñas son pequeñas piezas de madera en la forma que su nombre indica y que se introducen allí donde hace falta llevar el tablero unos milímetros o escasos centímetros más allá de donde quedó con las operaciones anteriores. Por ello se pueden introducir cuñas tanto en los codales como en los barrotes, puntales, etc.

Las operaciones de acuñado y desacuñado son sencillas, para lo cual es conveniente que uno de los planos inclinados se sus caras quede apoyado sobre la superficie que se trata de llevar a su posición exacta. Cuando la pieza acuñada queda debidamente, se procede al clavado de las cuñas, bastando para ello puntas pequeñas, ya que no es fácil que las cuñas se muevan de sus posiciones.

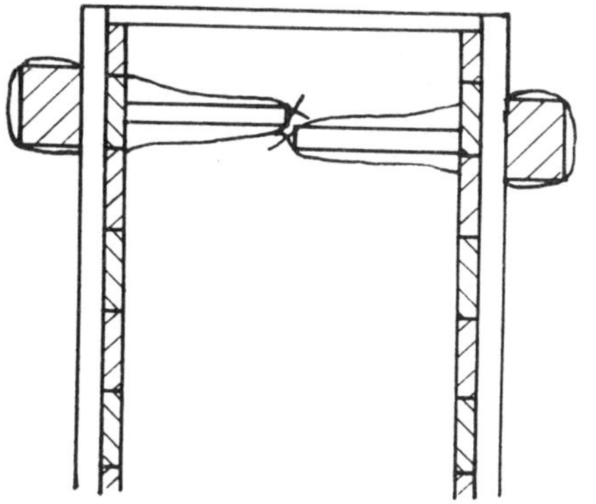

Figura 34

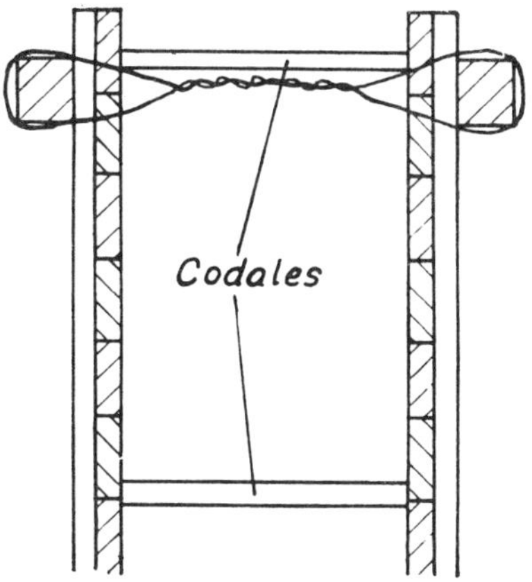

Figura 35

Tirantes

Para impedir la separación entre los dos tableros que forman el encofrado del cimiento, hemos visto que se utilizaban unos puntales. También se puede prescindir de éstos y colocar alambres que impidan esta separación a la hora del hormigonado. Esta operación se llama **atirantado de tableros.**

En el atirantado hay que tener en cuenta que las carreras no cubren la junta de las dos últimas tablas del tablero, con el fin de que se pueda pasar luego por dicha junta el alambre de atirantar, ya que en caso contrario, habría que perforar un tablero para permitir dicho paso.

El alambre que se usa para este trabajo y que se vende corrientemente en el mercado es el alambre recocido de un diámetro entre 3 y 5 mm.

La operación del atirantado no es muy sencilla, ya que hay que tener cierta práctica en ella, pues el alambre suele «dar de sí» por lo que hay que tensarlo más de una vez, hasta dejarlo bien tirante y en debidas condiciones.

En la figura 34 vemos una forma muy corriente de disponer el atirantado. La separación entre alambres depende mucho del esfuerzo que les confiemos, lo cual también está en relación directa con la separación entre carreras, es decir, para gran separación entre carreras habrá que disponer un atirantado mayor, en cambio, si las carreras están bastante juntas, el número de tirantes será menor. Como norma general, y para tener una idea de dimensionado, los atirantados se suelen disponer cada espacio que oscila entre uno y dos metros. En la figura 35 vemos una disposición de atirantado.

29 - 51 - 4

Atado el alambre por los extremos, se procede a su atirantado o tensado con una barra o utilizando las tenazas, el mango del martillo, etc., girando (dar garrote) hasta que el alambre, al ser golpeado, dé un sonido claro, metálico. Si esta operación de tensado no fuera posible por existir armaduras, etc., lo más conveniente es acuñar por el exterior del encofrado los tirantes, hasta conseguir la debida tensión. Estas cuñas se clavan luego con pequeños clavos para impedir que resbalen y se pierda la tensión dada a los alambres.

ENCOFRADOS DE LOS CIMIENTOS DE PILARES

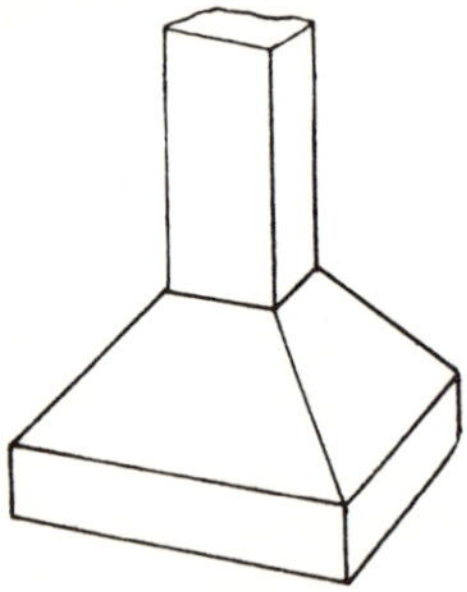

Figura 36

Un caso particular en el encofrado de cimientos lo constituye el encofrado de cimientos de pilares. Estos suelen componerse de dos partes: la base inferior, que gravita directamente sobre la tierra, que suele ser un prisma de base cuadrada o rectangular, y el tronco de pirámide intermedio entre la sección del cimiento y la sección del pilar (figura 36).

Para el encofrado de la base inferior, vale todo lo explicado hasta ahora para cimientos en general, pero sin la aplicación de tirantes por ser, generalmente, la distancia entre los tableros opuestos demasiado grande. Lo dicho en el apartado dedicado a las esquinas (figura 21) es lo más aproximado a esta clase de encofrados. La diferencia únicamente estriba en que el encofrado del cimiento de pilar exige el encaje perfecta de los tableros en las cuatro esquinas. Para ello se encargan o se cortan a medida exacta los tableros de los lados opuestos, los más cortos por lo general, cuando la base es rectangular, pudiendo sobresalir las tablas de los otros dos tableros (figura 37).

El encofrado del tronco de pirámide exige tableros inclinados que lleven bordes de apoyo con biseles más o menos agudos, según sea la inclinación del tablero. De los cuatro tableros que componen el tronco de pirámide, dos son de cepo, o sea, sin limitación lateral, y otros dos encepados, comprendidos entre aquéllos. Los tableros encepados llevan uno o más barrotes centrales, dispuestos según la máxima pendiente del tablero, y los barrotes laterales, distanciados del borde en el releje del bisel más el espacio ocupado por la tabla de aguante (figura 38). Los biseles laterales de los tableros encepados se labran en las testas de las tablas mediante la

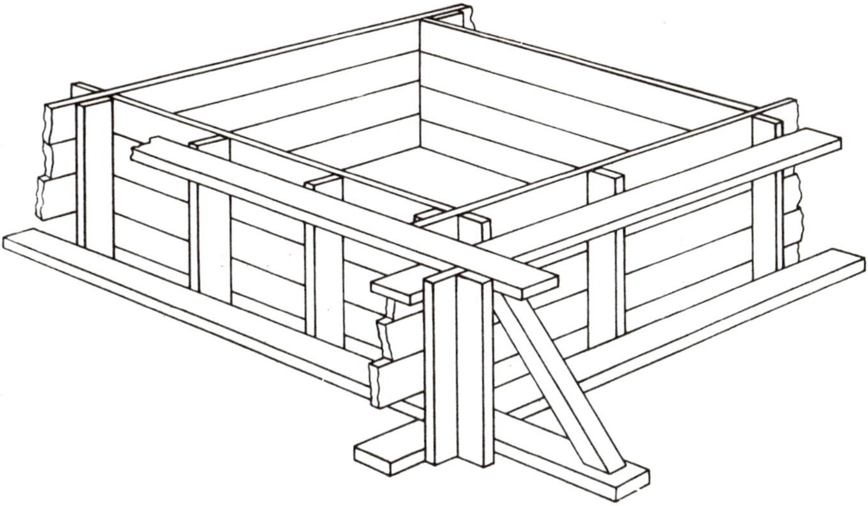

Figura 37

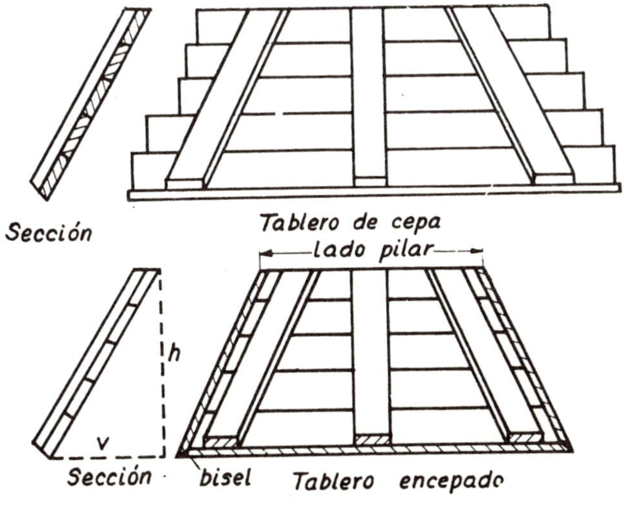

Figura 38

escofina. Los laterales se trazan partiendo de sus ejes, a pesar de que el desperdicio de los recortes pueda ser mayor, pero de esta manera, un pequeño error en la medida de la forma o de los biseles tiene menos importancia.

Trazado de los tableros

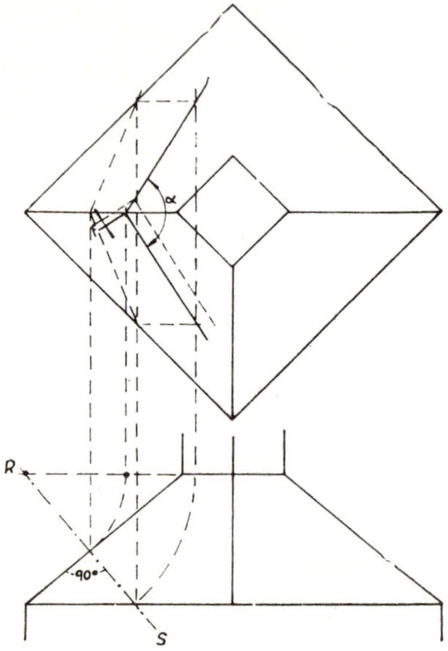

Figura 39

Para trazar los tableros encepados se marca un eje horizontal y otro vertical. El primero corresponde al borde inferior o de asiento del tablero, o sea, a su arista de intersección con el encofrado de la base del cimiento. El segundo es el eje de simetría del tablero trapecial. El borde superior tiene la misma medida que el lado correspondiente del pilar (**b**) (figura 39) de manera que a la derecha e izquierda del eje vertical se marcan dos segmentos iguales a **b/2.**

La altura del tablero (**a**), o sea, la magnitud que hay que marcar en el eje vertical, es la hipotenusa del triángulo rectángulo cuyos catetos son la altura del tronco de pirámide (**h**) y el coladizo (**v**) (figura 38).

El borde inferior del tablero mide lo mismo que el lado correspondiente de la base del cimiento. Con las medidas anteriores, habremos marcado un trapecio que será la plantilla de la cara interna del tablero encepado, y sirve para cortar las tablas que han de componerlo y para clavar el barrote central.

Los tableros encepados y los de cepo forman entre sí diedros obtusos, por lo que para conseguir un buen ajuste de los tableros es necesarios que el encepado lleve en sus bordes laterales un bisel adecuado. El ángulo de la sección recta del bisel se obtiene como sigue (figura 39): se dibuja el tronco de cono de modo que la arista de la intersección de los tableros resulte con su verdadera magnitud en la proyección vertical. Se traza el plano **RS** perpendicular a dicha arista y se abate sobre el plano horizontal para deducir en su verdadera magnitud el ángulo de la sección recta del diedro α que es el ángulo del bisel.

Una vez dibujado este ángulo se traza una paralela a la distancia del grueso de la tabla y obtenemos la medida del releje (**f**) del bisel. Esta se toma perpendicularmente a los lados laterales de la plantilla de la cara interna del tablero para deducir la de la cara externa. Con los datos obtenidos se marca la cara externa del tablero y ya pueden labrarse los biseles.

Al clavar los barrotes laterales, éstos deberán apartarse del borde del tablero una distancia igual al releje obtenido anteriormente, con lo que apoyarán con una arista en el tablero de cepo.

IV
ENCOFRADO DE PILARES

ENCOFRADO DE PILARES

Se puede decir que el encofrado de pilares es el principal trabajo del encofrador. En toda la obra se encuentran estas unidades en gran número y dada la importancia que tiene el obtener un buen trabajo, es por lo que todo buen encofrador que se estime debe poner todo su cuidado y maestría en obtener buenos paramentos en las columnas a él confiadas. Además, no es corriente, más bien al contrario, constituiría un raro ejemplar, encontrar un proyecto de edificación en que se encontrasen ya proyectados de antemano la forma de encofrar un pilar, dimensionando sus diferentes piezas y calculando los esfuerzos a que van a estar sometidas. Así, pues, todo «se deja» en manos del encofrador, en quien se pone toda la confianza del proyectista en este punto.

DIFERENTES CLASES DE PILARES

Dentro de la misma unidad de pilares y para su mejor estudio, los consideraremos en dos grupos:

a) Atendiendo a su sección transversal geométricamente, es decir, que tendremos pilares de sección cuadrada cuando su sección transversal o planta sea un cuadrado; pilares rectangulares, circulares, poligonales, etcétera, cuando su sección transversal sea una figura igual a la indicada.

b) Atendiendo a sus dimensiones. Es decir, tendremos pilares gruesos, medios y ligeros. No es lo mismo, encofrar dos pilares de idéntica figura, pero de dimensiones uno mucho mayores que el otro, ya que las piezas a emplear no deberán soportar los mismos esfuerzos.

Comencemos este capítulo con la manera de encofrar los pilares más sencillos.

PILARES LIGEROS

Figura 40

No ofrece ninguna dificultad el encofrado de pilares de sección cuadrada o rectangular cuyas dimensiones son reducidas. Bastan para ello cuatro tableros, dos de los cuales, que van colocados uno frente a otro, son de la misma dimensión que se trata de dar al pilar y los otros dos, naturalmente, también uno frente a otro, de dimensión mayor. En la figura 40 vemos una sección de este tipo de pilar.

Estos cuatro tableros no constituyen por sí solos una armazón lo suficientemente sólida para resistir los esfuerzos a que debe estar sometida a la hora del hormigonado, por lo que hay que atender a su refuerzo o seguridad.

Seguridad

No es posible dar aquí unas reglas acerca de este punto si el lector desconoce en absoluto la técnica del hormigón. Para ser un buen encofrador, es absolutamente necesario tener, al menos, unas ideas generales, pero precisas, acerca de cómo se comporta el hormigón y la importancia que tiene esto en la construcción. No vale, por otra parte, derrochar madera y materiales para «obtener una seguridad absoluta» en la buena calidad del encofrado y salvar así su responsabilidad, que no es poca. Habrá de tenerse siempre presente que el arte de construir consiste en hacerlo bien y barato, empleando lo justo y necesario.

Los tableros habrán de ser piezas sólidas, para que al hormigonar no aparezcan «barrigas», dificilísimas de corregir, ya que habría que repicar el paramento del pilar en la parte afectada o enlucir el resto hasta conseguir una pared lisa vertical. Sus caras deberán ser lisas y hay que cuidar muy especialmente las esquinas, ya que suele ser corriente el desportillamiento de las mismas a la hora de desencofrar, por su debilidad. Las juntas de los tableros deben estar bien cerradas, para evitar que, durante el hormigonado, salga por ellas el mortero, lo que además de feas «rebabas», dará lugar a la formación de huecos o coqueras y otros defectos en el buen trabajo.

¿En qué zonas sufren mayores esfuerzos los encofrados? Sin duda alguna, en la parte baja del pilar. En el extremo superior, el empuje del hormigón es nulo y en la base, el empuje es el máximo. Por tanto, se puede establecer que el pilar está empujando de la manera que indica la figura 41, sobre el encofrado correspondiente. De ahí que se tenga por norma reforzar la parte baja del encofrado de un pilar.

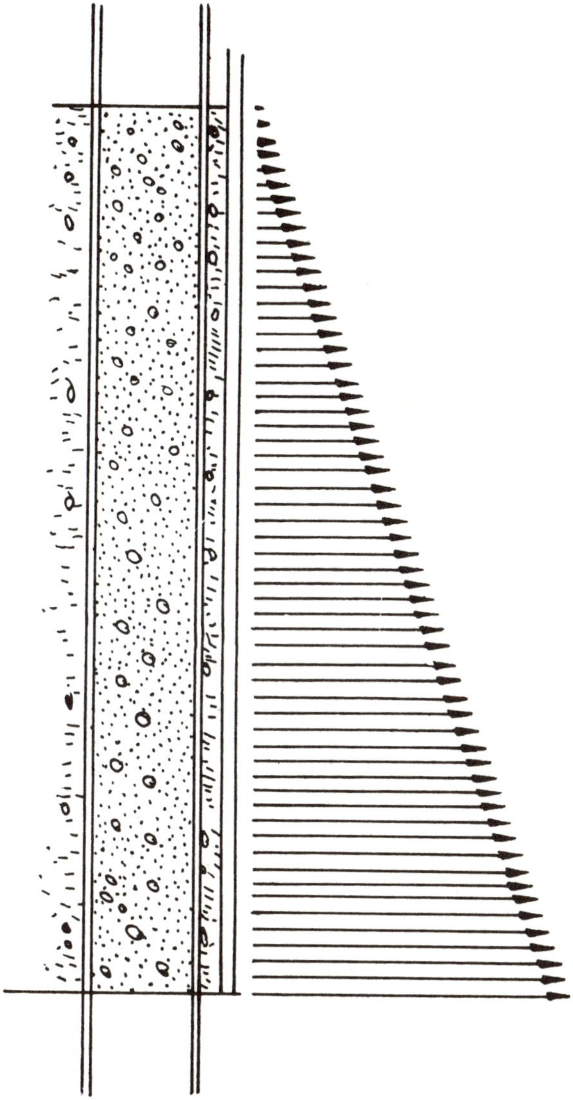

Figura 41

REPLANTEO DE UN PILAR

Supongamos que ya tenemos la viga de cimentación, si la hay, o las zapatas de los pilares hormigonados debidamente, con sus hierros de armadura. La primera operación consistirá en determinar el centro del nuevo pilar que vamos a encofrar. Situado este centro, en virtud de las dimensiones de obras fijadas en los planos del proyecto, se procederá a dibujar sobre dicho hormigón y generalmente con lápiz grueso, la figura de la sección transversal del pilar, cosa que es sencilla, ya que dicha sección transversal será una figura geométrica bien sencilla (cuadrada, rectangular, etc.). Una vez dibujada, se procede a preparar un marco cuyo hueco interior tenga las mismas dimensiones que la sección transversal aumentada en los gruesos de los tableros a emplear como encofrados, de modo que se introduzcan dentro de aquél, sirviendo de cerco. A estas piezas, en algunas regiones, se les da el nombre de **carcelillas** (1).

Como puede apreciarse por lo dicho, la misión de estas carcelillas es la de sujetar los tableros por su parte baja, y de su solidez dependerá que no se abran los tableros al sufrir el empuje del hormigón, que allí es grande, ya que no sólo actúa el peso propio del hormigón, sino también el golpe debido a la caída de la masa desde la altura superior del encofrado.

MARCOS PARA MANTENER LA SECCION TRANSVERSAL

Entre los elementos de seguridad de los pilares, citaremos en primer lugar los marcos o bridas, que sirven para impedir que los tableros cedan al empuje y se deforme la sección transversal del pilar que se está hormigonando. Estos marcos o bridas se distribuyen en toda la altura del pilar, siendo su separación variable. Efectivamente, en la parte inferior, como ya hemos dicho anteriormente, van más juntos y conforme nos separamos de la base se van distanciando más. Esto está de acuerdo con la ley de los esfuerzos que ha de soportar el encofrado y que ya hemos visto en al figura 41.

Para obtener uno de estos marcos podemos tomar:

a) Cuatro tablas, tal como se ve en la figura 42.
b) Seis tablas, como se ve en la figura 43.
c) Dos cuadradillos y cuatro tablas, como se indica en la figura 44.

(1) Téngase presente que el que podríamos llamar Diccionario de la Construcción se ve enriquecido, además de tener en él cabida todas las palabras que acepta la Real Academia Española de la Lengua, con las diversas denominaciones adoptadas por ciertas regiones.

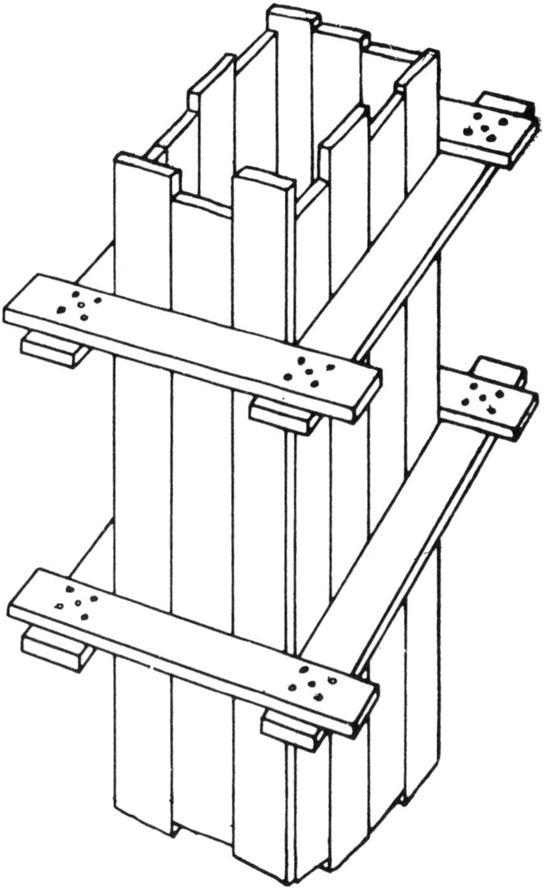

Figura 42

d) Dos cuadradillos y bridas o zunchos de hierro, como mostramos en la figura 45.
e) Dos cuadradillos y alambre de atirantar (figura 46).

Indudablemente, los más sencillos de manejar, por la rapidez y porque su uso es ilimitado, son los de hierro. No sucede lo mismo con las tablas, ya que suelen destrozarse si el encofrador no es cuidadoso, en la operación de desencofrado.

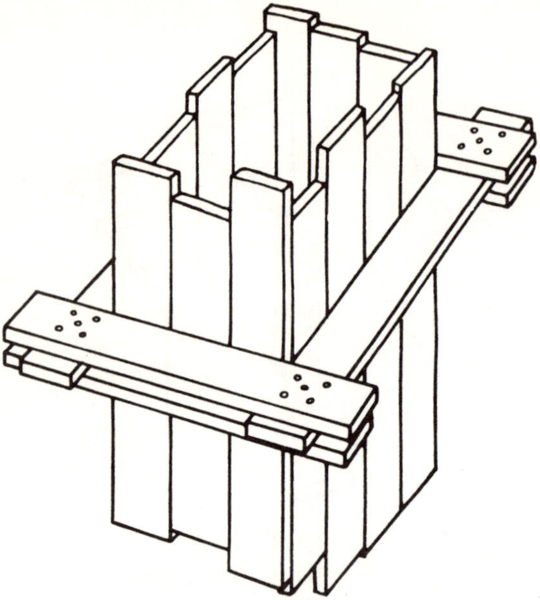

Figura 43

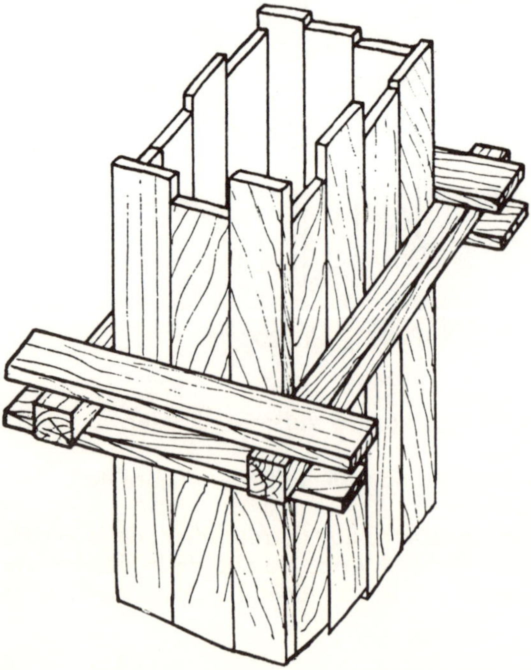

Figura 44

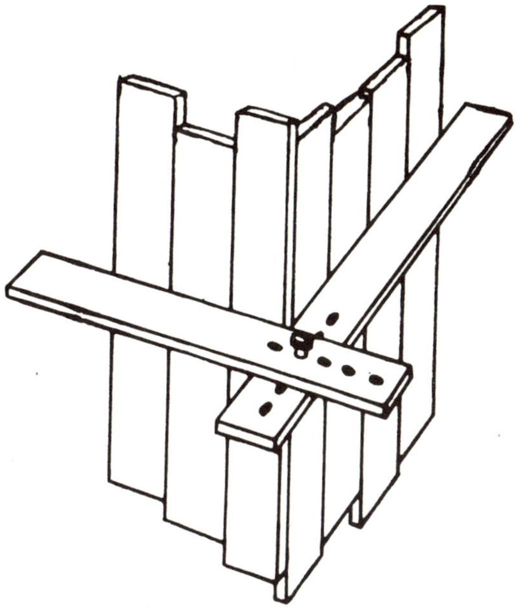

Figura 45

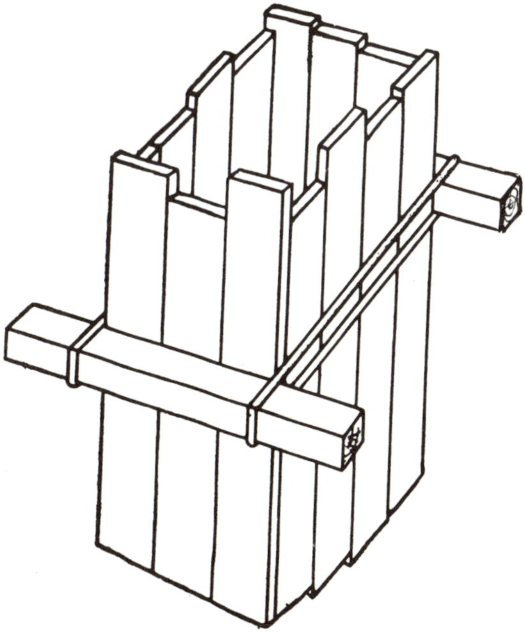

Figura 46

VERTICALIDAD

Una operación que se va ejecutando a medida que se colocan los tableros, es la de la verticalidad del pilar, que se consigue mediante el aplomado. Esto es fundamental, ya que un pilar torcido es muestra de falta de cuidado y de precisión.

Para mantener esta verticalidad, es decir, para asegurar el pilar en su posición de aplome a la hora del hormigonado, se pueden disponer tornapuntas que fijen la perfecta posición, teniendo cuidado que ambos lados estén en la debida posición, ya que en caso contrario, el pilar puede salir **revirado.** Si los pilares no están aislados (caso en que es más interesante apearlo con las tornapuntas), entonces se mantienen verticales mediante las llamadas cruces de San Andrés, clavadas entre ellos, por castilletes, que sirven a la vez para la puesta del hormigón en obra, o por las tornapuntas y los encofrados de las vigas.

PILARES AISLADOOS, CON TORNAPUNTAS

Una vez debidamente replanteado el pilar y fijada la «carcelilla» o marco de la base, se encajan en ella la parte inferior del encofrado, poniendo dos tornapuntas, los cuales llevarán en el extremo que queda del lado del pavimento un corte oblicuo tal, que asienten en toda la longitud del corte sobre el suelo.

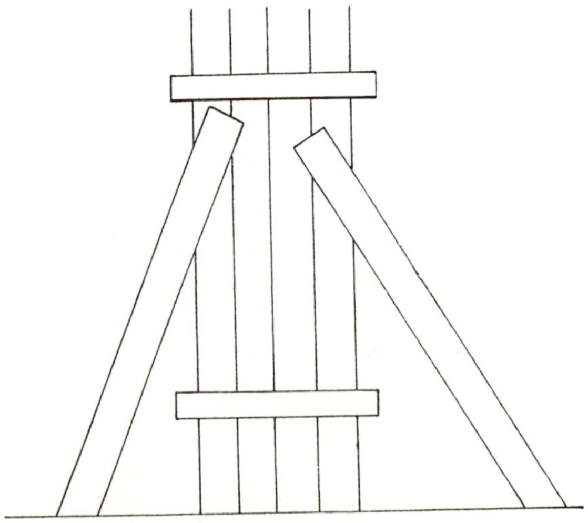

Figura 47

Se procederá al aplomado del pilar por parte de un operario, mientras el otro irá colocando los tornapuntas correspondientes, clavados a los costados de los tableros, tal como se indica en la figura 47. Si, como dijimos, se trata de un pilar sencillo, aislado, deberán colocarse tornapuntas en los cuatro costados, ya que aquéllos trabajan a tracción y si faltase en algún costado, el pilar saldría vencido. Si en alguno de los lados hubiese algún elemento para fijar el pilar (arranque de viga, etc.), ello nos ahorraría el par de tornapuntas correspondientes a ese lado. En muchas obras incluso sólo colocan un tornapunta en dos lados opuestos.

Deben de cuidarse con esmero los tableros de un encofrado, tanto en lo concerniente a su construcción como a la hora de encofrar, desencofrar y en el hormigonado. De todo ello dependen cosas tan importantes en toda la obra como son:

La obtención de pilares perfectos, sin desconchados en la superficie, debidas a pérdidas de mortero, defectos en la superficie del tablero, etc.

No haya desgaste notable de madera (lo ideal sería que toda madera empleada en un encofrado saliese intacta en el desencofrado, o al menos con escaso desperdicio).

Que todo desgaste de madera repercute en la carestía de la obra.

TALLER

Además de las herramientas ya descritas a su debido tiempo y que son indispensables para el trabajo de todo encofrador, se precisa una mesa donde asentar las diversas tablas para la preparación de un tablero. Esta mesa de trabajo puede decirse que es indispensable, ya que no vamos a trabajar sobre el suelo, pavimento o un banco de obra. Si no se tiene ya de antemano, se puede improvisar una con caballetes y tablas, o de cualquier otra forma que se le ocurra al obrero con los elementos que posea a mano.

Si se desea, y todo esto facilita aún más el futuro trabajo, se puede poner en uno de los extremos de la mesa una tabla clavada que nos sirva de tope, apoyo, y para que salgan rectas las tablas que van a construir el tablero. Incluso se pueden clavar grupos de dos tablas dejando entre ellas hueco suficiente para introducir los marcos o bridas del tablero.

Es indudable que con las tablas que hay en el comercio no formarán justamente las dimensiones que nos den de un pilar, sino que habrá que suplementar con otras de otro ancho obtenidas de la división de aquéllas. Como hemos venido diciendo, dos tablas tendrán la misma anchura del pilar y las otras dos, opuestas entre sí, tendrán esta dimensión más dos gruesos de tabla, como mínimo. Con lo dicho queda claro que para obtener los tableros será necesario añadir listones o medias tablas, clavándolas por el costado de los tableros.

29 - 51 - 5

ALTURA DE LOS TABLEROS

Como ya hemos dicho repetidamente, en los planos del proyecto nada se suele indicar, de ordinario, acerca de los encofrados, parte ésta que se deja «al buen entender de los operarios correspondientes». De ahí que el encofrador, a la vista de los elementos de hormigón que debe encofrar, deduzca las dimensiones más convenientes a dar a los tableros. Es decir, si sólo se han de hormigonar los pilares y una vez hormigonados éstos y desencofrados, proceder al encofrado de vigas u otros elementos de obra que se deban apoyar en aquéllos, la altura a dar a los tableros, puede ser cualquiera que sea, pero siempre superior a la altura del hormigonado. Con ello, efectivamente, se ahorra el corte de tablero, si los pilares son bajos, que luego pueden servir para piezas mayores. Sólo bastará a la hora del hormigonado detener éste a la altura exacta de los pilares. Pero, puede suceder, y esto es muy corriente en las obras, encofrar pilares y vigas, para efectuar un hormigonado continuo. Para ello hay que tenerlo en cuenta en los moldes.

PILARES DE ESQUINA

Todo cuanto digamos aquí para los pilares ligeros, es aplicable íntegramente para los medios gruesos.

En los pilares de esquina se da la circunstancia de que apoyan dos vigas de ángulo. Por lo tanto, dos tableros adyacentes, los de las caras exteriores correspondientes a las dos alineaciones de la fachada, son más altos que los otros dos interiores, y sobre los cuales viene apoyada la viga de su lado correspondiente.

PILARES INTERMEDIOS

Estos pilares, que son los correspondientes a la fachada entre pilares, tienen un tablero largo y los otros tres restantes, sobre los que se apoyará el fondo del encofrado de las vigas correspondientes, más cortos.

La altura de estos tableros cortos será la que viene determinada por:

Altura del techo + grueso del suelo — altura o canto de la viga correspondiente — grueso del tablero de fondo del encofrado de dicha viga.

Supongamos que la altura del techo es de 3,00 metros y el grueso de la losa del piso superior es de 0,20 m. La viga tiene un canto de 0,40 m y el grueso del tablero del fondo de la viga es de 0,025 m.

Para la altura de los tableros cortos se tendrá:

$$3{,}00 + 0{,}20 - 0{,}40 - 0{,}025 = 2{,}775 \text{ m.}$$

Puede suceder que el ancho de la viga sea distinto al del pilar. Si es menor, caso corriente, se tendrá en cuenta en la terminación superior de los tableros. Si es mayor, también se dispondrá el encofrado del pilar para esta eventualidad.

Todo lo dicho anteriormente corresponde al caso más corriente en que las vigas tienen una sección rectangular en toda la longitud, incluso en los arranques junto a los pilares. Si se diera el caso de tener que disponer de tableros para moldes de pilares del que arrancan vigas acarteladas, la altura del tablero del cual arranca dicha viga vendrá disminuida en las dimensiones de esa cartela.

FABRICACION DE TABLEROS

Una vez ya determinada la altura del molde, se procede a elegir las tablas que vamos a necesitar y que mejor encajan en la pieza a construir. Si tenemos ya tablas de la longitud deseada, tanto mejor, pero si no, y esto será el caso más general, tomaremos las que tengamos de la longitud más aproximada. Si son más largas, no las cortaremos, sino que construiremos el tablero con dichas tablas, cortándolas a un mismo ras por un solo extremo, que es siempre el de la base del molde. En cambio, por la parte opuesta, por la cabeza del pilar, se dejarán sin cortar. Esta operación se hace más adelante, con el molde ya puesto en obra.

Para mantener en su forma rígida los tableros, es decir, para mantener las tablas formando esa unidad llamada **tablero,** procederemos al embarrotado, clavando a él las distintas tablas que forman la pieza. Se pondrá un barrote en la base del tablero y otra en la superior, llamados respectivamente **barrotes de base** y de **cabeza.** Estos últimos tienen por misión, además de las ya expresadas anteriormente, la de servir de apoyo a los encofrados de las vigas. Se suelen colocar, además, otros **barrotes intermedios** para dar mayor seguridad.

La distancia a que se suelen colocar estos barrotes es de unos 80 centímetros a un metro.

En cuanto a la longitud de los barrotes viene determinada por la clase de tableros a que van destinados. Así, si son para los dos tableros que han de tener la misma anchura que la del pilar, esa longitud será igual al ancho del pilar más dos gruesos de tabla, saliendo un grueso por cada lado del mencionado tablero. Ese saliente sirve para apoyar los otros dos tableros de mayor ancho. Como decimos, «sólo sirven de apoyo», por lo tanto no se han de clavar a aquellos.

Para los tableros que son más anchos que los pilares, la longitud de los barrotes es la misma que el ancho de los tableros correspondientes.

Se comenzará por clavar el barrote de base a una altura del suelo de unos 15 a 20 cm. Con ello se facilita la puesta en obra del pilar y la abertura de limpieza, de la que hablaremos después. Téngase presente que la base del molde debe encajar en la carcelilla ya dispuesta tras el replanteo de la base del pilar.

Después colocaremos el barrote de cabeza, que quedará un grueso de tabla más bajo que el borde superior del molde del pilar, ya que es, como se ha dicho, el apoyo del fondo del molde de la viga o de la losa de piso. Una vez ejecutado todo esto, se colocarán los restantes barrotes. Se clavarán sólidamente, ya que los tableros, hasta su puesta en obra, han de ser transportados y manejados, además que lo más corriente es que se utilicen varias veces mientras sean servibles. Ya sabemos que los barrotes están únicamente destinados a resistir los embates del transporte, manipulación y colocación en obra, así como los esfuerzos del desencofrado, pero nunca los empujes que sobre los tableros ejerce el hormigón. Esos esfuerzos de hormigonado caen sobre los marcos o bridas.

Para poder «sanear» la base del pilar momentos antes del hormigonado de todas aquellas cosillas que puedan haber caído durante el proceso de encofrado, tales como clavos, virutas, astillas, etc., se dispone en la base del encofrado, y sólo en uno de sus tableros, una abertura por la que se pueda meter la mano y una escobilla. Esta abertura se cerrará debidamente cuando se vaya a hormigonar.

También cuando la altura del pilar es considerable y para evitar que el hormigón al caer de tal altura se disgregue (los gruesos caerán primero y los finos después, obteniéndose así un hormigonado por capas de muy distinta mezcla y, por lo tanto, defectuoso), se suelen hacer unas ventanas en uno de los tableros a mitad de altura del pilar, que sirven de boca de hormigonado hasta que el hormigón llega hasta ellos. Después se cierran y continúa el hormigonado por la parte superior del molde.

Y ya que hemos tocado ligeramente el tema de hormigonado, no vendrán mal al lector unos consejos que debe tener en cuenta en el hormigonado de pilares.

HORMIGONADO DE PILARES

Es muy aconsejable que los tableros se mojen después del hormigonado y, por lo menos un día después, hasta su desencofrado, ya que el hormigón necesita humedad para su proceso de fraguado y como por la parte del molde está en contacto con el exterior, no fraguaría debidamente si no se humedecieran los tableros. Como siempre suelen sufrir más las partes más débiles, tales como las esquinas de los pilares, para evitarlo se suelen colocar unos listones triangulares en las esquinas, de manera que el pilar no termina en aristas vivas, sino achaflanadas.

Otro cuidado a tener en el hormigonado es el de sujetar las armaduras, bien con tirantes de alambre o con listones, ya que en el caso contrario, al hormigonar, siempre se mueven los hierros, lo que puede provocar que se produzcan grietas interiores en el hormigón. Estas grietas, si el hormigón ya está algo endurecido, no se cierran, o puede suceder que se introduzca algún árido algo grueso, dejando una discontinuidad en la masa. Si estas grietas no llegan al exterior, no suelen tener gran importancia. No así si consiguen llegar al exterior. Entonces, si no se toman las debidas precauciones, el pilar tendrá corta vida. Por la grieta o grietas producidas se introducirá la humedad, alcanzando las armaduras. Estas no tardarán en cubrirse de la herrumbre característica de la oxidación, perdiendo resistencia, ya que disminuye la sección. Por otra parte, en el fenómeno de la oxidación del hierro se produce un aumento de volumen, es decir, se dilata, lo que origina un empuje sobre el hormigón que le rodea, llegando incluso a hacerle saltar.

Es frecuente el que el hormigón se someta a vibración, lo que obliga a reforzar bien los tableros para impedir que el vibrado cause algún desperfecto.

También se suelen llenar los pilares vertiendo el hormigón en carretillas o vagonetas, lo que hay que tener en cuenta para reforzar las cabezas de los moldes.

CODALES

Para evitar que el molde se deforme, volviéndose alguno de los tableros hacia el interior, se colocan **codales,** los cuales son retirados cuando se hormigona, ya que el hormigón empuja a los tableros hacia afuera y cumple la misión de aquéllos. Suelen clavarse ligeramente.

PILARES DE SECCION NO RECTANGULAR

Dentro del mismo capítulo de los encofrados de pilares ligeros, nos encontramos con aquellos que no tienen la sección cuadrada o rectangular, que si bien no son frecuentes, en cambio se pueden presentar en alguna obra.

PILAR DE SECCION CIRCULAR

Para encofrar este tipo de pilares no suelen emplearse tablas, las cuales deberían adoptar una forma curva para determinar la circunferencia de la sección transversal, sino que se toman tablillas estrechas, sin clavarlas previamente, y con ellas se forma el molde.

Para dar forma circular a dichas tablillas sueltas se emplean los llamados **camones,** que son los que realmente obligan a las tablillas a adoptar aquella forma.

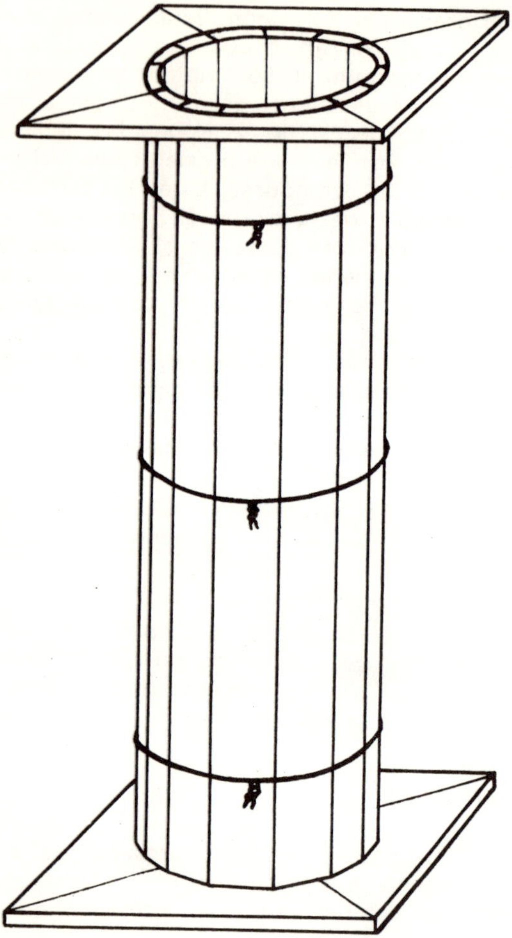

Figura 48

En la figura 48 representamos un pilar de sección transversal circular. En los extremos del molde, en la base y en la cabeza se disponen los camones, que son unas tablas que tienen recortado por una de sus partes un arco de circunferencia, de manera que entre todas ellas completen la sección pedida. El diámetro de dicha circunferencia no será el mismo que el que debe tener el pilar ya hormigonado, sino aquél aumentado en dos gruesos de tabla, pues como se aprecia en la figura 48, al introducir las distintas tablas en los camones, se disminuye su hueco.

Taller

Se dispondrán primeramente las tablas que van a formar el camón, encajándolas o acoplándolas debidamente, para que al trazar sobre este encaje la circunferencia, ésta no presente ningún punto de discontinuidad. Después se sierra hasta lo más cerca posible de la traza marcada para la circunferencia y con hacha, con extremo cuidado, se vacía el resto.

Una vez comprobado que la circunferencia está bien definida, se procede a clavar las piezas contiguas.

Misión de los camones

Como puede apreciar por lo ya dicho, los camones no son piezas resistentes, ya que son francamente débiles, de manera que su única misión es la de «dar forma» a las tablillas que determinan el molde de pilar circular; conviene recordar bien esto.

Para darle rigidez a los encofrados, se utilizan generalmente aros de hierro, que reciben el nombre de **zunchos.** También puede emplearse, si el empuje del hormigón no ha de ser grande, alambre de acero, en una sola vuelta o a doble vuelta, para reforzar.

Los aros metálicos no tienen complicación alguna, ya que como su nombre indica son unos círculos abiertos por un extremo y que una vez colocados se cierran por cualquier procedimiento.

Puesta en obra

En la cimentación de hormigón ya se habrán dispuesto previamente los tacos de madera o tablas en el lugar correspondiente en que deba quedar el pilar. A esos elementos debe clavarse el camón de la base del pilar, se aploma, se colocan los aros o zunchos, se vuelve a aplomar (esta operación debe repetirse con frecuencia para comprobar que está vertical) y se colocan las tornapuntas.

Los zunchos deben ir más juntos en la parte inferior que en la superior, ya que abajo es donde mayores esfuerzos soportan los encofrados según vimos al hablar de los pilares de sección rectangular, y cuya ley de esfuerzos representamos en la figura 41, que también es aquí de aplicación. Como norma general, los aros se colocarán en la mitad inferior a distancias que oscilan entre los 40 y los 50 cm, separándose gradualmente conforme la altura es mayor, pero sin que la separación máxima alcance los 70 cm.

Ventana de limpieza y hormigonado

No debe olvidarse nunca dejar una abertura o ventana de limpieza en el fondo del encofrado, en contacto con el suelo, para proceder, momentos antes del hormigonado, a la limpieza total y definitiva de la base de hormigón sobre la que arranca el pilar, ya que durante todo el proceso de encofrado habrán caído desperdicios de madera, clavos, etc.

Si el pilar cilíndrico tuviese una altura considerable, para evitar que el hormigonado caiga desde tan alto y sus materiales no estén debidamente mezclados, al caer los gruesos primero y los finos después, conviene dejar una ventana a mitad de la altura, con el fin de hormigonar por ella, cerrar después convenientemente y continuar el llenado del molde desde la cabeza del encofrado.

PILARES DE SECCION POLIGONAL

Indudablemente, este tipo de pilares no es frecuente, pero no está de más aquí una liegra idea acerca de los mismos, siquiera sea para que el lector tenga conocimiento de su existencia.

Trazado geométrico de polígonos regulares

Los polígonos regulares los vamos a agrupar en dos grupos:

a) Inscritos en una circunferencia de radio dado.
b) Circunscritos a una circunferencia de radio dado.

El lado del polígono ya viene determinado en cada caso en función del radio correspondiente, que llamaremos **R,** si la circunferencia es circunscrita, y **r** para el radio de la circunferencia inscrita.

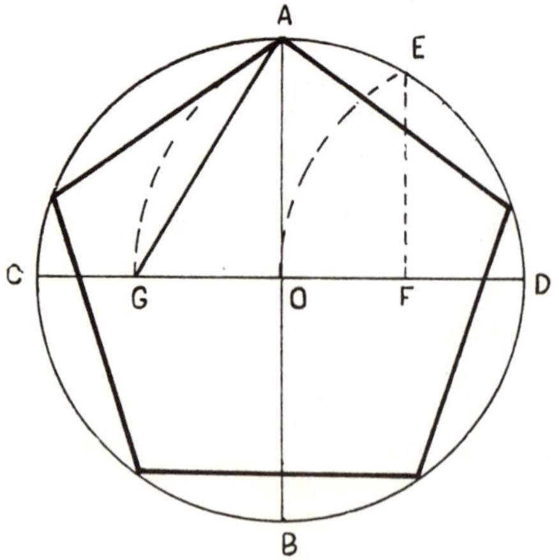

Figura 49

Resolveremos los siguientes casos:

Dado el radio **R** o **r,** calcular el lado **L** del polígono pedido y su trazado geométrico. Comencemos por calcular el:

Pentágono regular inscrito en una circunferencia de radio R

Supongamos que nos dan el radio de la circunferencia circunscrita, **R.** Procederemos de la manera siguiente (ver figura 49):

Con centro en **O** y radio **R,** trazamos la circunferencia. Dibujamos dos diámetros perpendiculares, tales como los **AB** y **CD.**

Por el extremo **D** de uno de ellos y con el mismo radio **R** dado, se traza el arco **OE,** o se lleva sobre la circunferencia de manera que corte en **E.** Por este punto, trazamos la paralela al otro diámetro **AB,** que cortará en **F** al diámetro **CD.** Desde **E** como centro y con radio **AF,** cortamos en **G** al diámetro CD. El segmento φ determinado por **AG** es el valor del lado del pentágono pedido:

El valor numérico de **L** es:

$$\mathbf{L} = \frac{\mathbf{R}}{2}\sqrt{10 - 2\sqrt{5}} = 1{,}1795 \cdot \mathbf{R}$$

Pentágono regular circunscrito a una circunferencia de radio

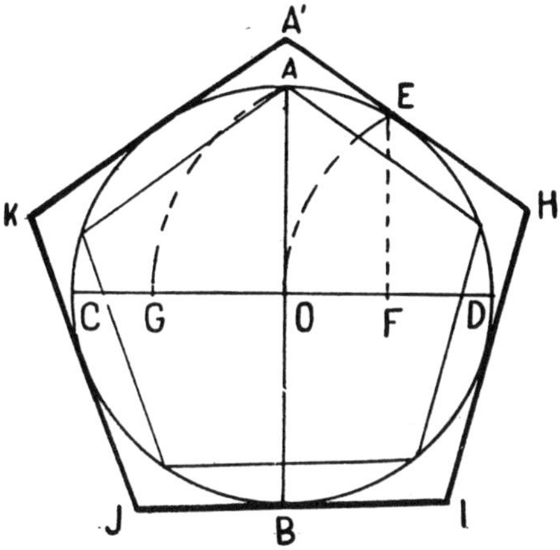

Figura 50

Este caso lo vamos a resolver recurriendo al ejemplo anterior. Es decir, utilizando el procedimiento seguido para obtener la figura 49, y con el radio actual **r,** trazamos una circunferencia (figura 50). Obtenido inscrito en ella, el polígono regular de cinco lados, basta trasladar estos lados paralelamente a sí mismos hasta que sean tangentes a la circunferencia, tales como los **A'H, HI, IJ, KJ** y **A'K.**

El valor de la línea **A'H,** lado del polígono, en función del radio, será:

$$\mathbf{L} = 2\,\mathbf{r}\sqrt{5 - 2\sqrt{5}} = 1{,}452\ \mathbf{r}.$$

Puede suceder que se presente el problema en el orden contrario, es decir, que nos digan: deseamos un pilar pentagonal cuyo lado tenga una longitud dada **L.**

En este caso, procederemos a calcular el radio sacándolo de la fórmula correspondiente. Para mayor facilidad, las daremos aquí.

Para el pentágono inscrito:

$$\mathbf{R} = 0{,}839\ \mathbf{L}.$$

Para el pentágono circunscrito:

$$\mathbf{r} = 0{,}688\ \mathbf{L}.$$

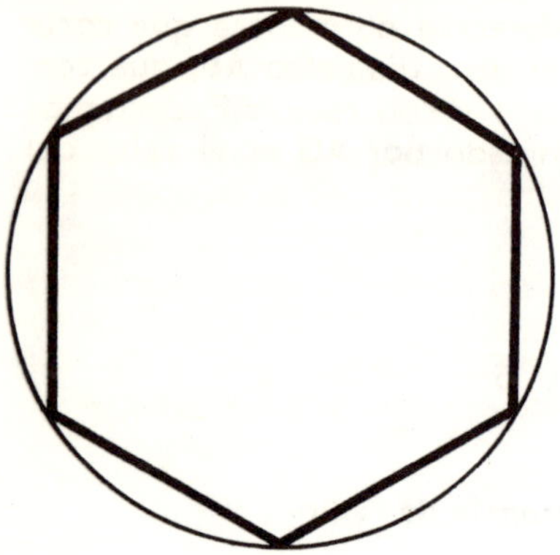

Figura 51

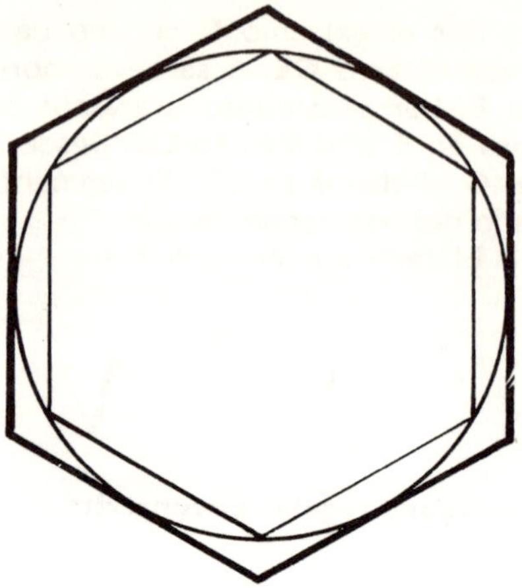

Figura 52

Hexágono regular inscrito en una circunferencia de radio R

Para su obtención basta con trazar el círculo de radio **R,** según se ve en la figura 51, y con el mismo radio **R** cortar arcos de la circunferencia ya que el lado del hexágono es igual al radio.

$$\mathbf{L = R.}$$

Hexágono regular circunscrito a una circunferencia de radio r

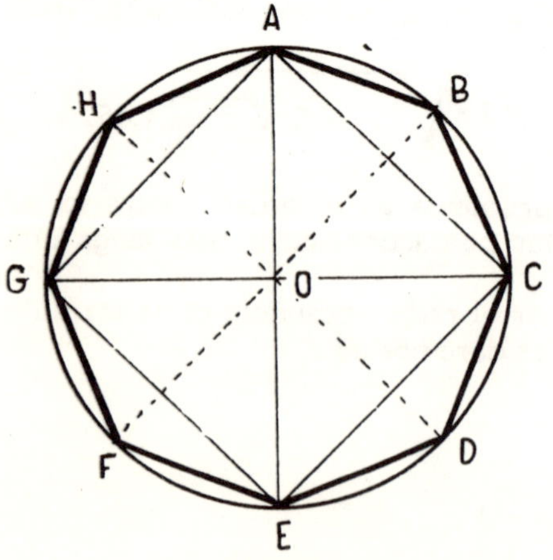

Figura 53

Tampoco ofrece dificultad este trazado, y procederemos como en el caso similar del pentágono, trazando previamente (figura 52) el hexágono inscrito y luego trazar tangentes paralelas a aquellos lados.

El valor del lado en función del radio **r,** es

$$\mathbf{L} = \frac{2}{3} r \sqrt{\mathbf{3}} = 1{,}153\ \mathbf{r}$$

Octógono regular inscrito en una circunferencia de radio R

(No damos la forma de obtener el polígono regular de siete lados —heptágono— por no ser frecuente su uso.)

Examinando la figura 53, vemos que su trazado es sencillo.

Con el radio **R**, trazamos la circunferencia y en ella dos diámetros perpendiculares entre sí, tales como los **AE** y **GC.** Unimos los puntos extremos de estos diámetros, **A** con **C; C** con **E; E** con **G,** y **G** con **A.** Con ello hemos obtenido el cuadrado regular inscrito en la circunferencia de radio **R.** Trazamos a continuación otros dos diámetros también perpendiculares entre sí y de tal manera que **FB** sea perpendicular a **AC** y **EG** (también se puede obtener esto uniendo los puntos medios de los lados **AC** y **EG**); y **HD** lo sea a su vez a **AG** y **CE.** Uniendo los puntos **A-B-C-D-E-F-G-H-A,** tenemos trazado el octógono.

El valor del lado en función del radio **R** es:

$$\mathbf{L} = R\sqrt{2 - \cdot\sqrt{2}} = 0{,}765\,\mathbf{R}.$$

Para obtener el polígono de ocho lados circunscrito a una circunferencia de radio **r,** procederemos exactamente como en los casos anteriores, del pentágono y hexágono, trazando la figura semejantemente a como se ha hecho para las figuras 50 y 52.

Para los encofrados de estas secciones poligonales, se puede proceder de un modo similar a como se ha descrito para los pilares de sección circular.

PILARES MEDIOS Y GRUESOS

En términos generales, cuanto se ha dicho para los pilares ligeros es también aplicable para este tipo de pilares, cuya diferencia con los ya descritos es la de tener que soportar mayores empujes debido a la mayor sección de hormigón.

Embarrotado

Para mayor seguridad en estos pilares, los barrotes o bridas tienen menos separación entre sí que en los ligeros, de manera que absorban los esfuerzos a que han de estar sometidos los moldes.

La sección de los barrotes es la misma que en el caso de pilares ligeros, sólo en este caso lo que varía, como ya hemos indicado, es la separación entre ellos.

Atirantado

Para evitar que tales tablas pandeen ante el empuje del hormigón, se dispondrá un eficaz atirantado, incluso reforzando éste con doble alam-

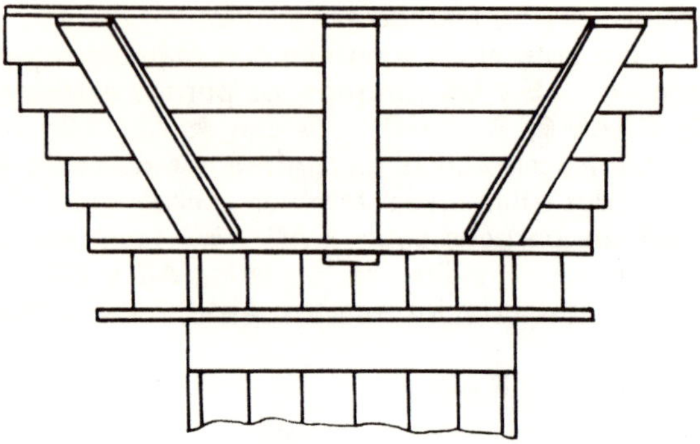

Tablero de cepo

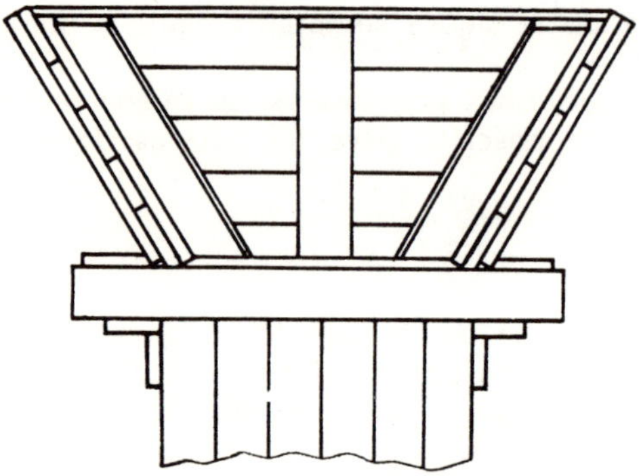

Tablero encepado

Figura 54

bre, más juntos que en el caso de los pilares ya descritos, y con atirantados cruzados, entre dos tablas frenteadas.

Tornapuntas

Como puede desprenderse de todo cuanto ya hemos dicho, estos pilares de mayor sección han de ser arriostrados debidamente, para evitar que se desplomen, lo que si sucede una vez hormigonado no habrá más solución que derribar el pilar y comenzar de nuevo.

ENCOFRADO DE CABEZAS DE HONGO

Cuando una losa de techo continúa lisa, apoyada exclusivamente sobre pilares, éstos van provistos de unos capiteles que se llaman **cabezas de hongo.** Como las losas sin vigas han de tener un grueso mínimo de 15 cm, su encofrado ha de ser más recio que los corrientes y, por la misma razón, el encofrado de las cabezas de hongo.

Estas se componen de dos cuerpos tronco-piramidales, lo que exige un encofrado de 8 tableros: 4 correspondientes al cuerpo inferior y 4 al superior. Cada tablero tendrá forma de trapecio y sus lados habrán de biselarse para encajar perfectamente. Construir el encofrado de una cabeza de hongo es, pues, una obra maestra con la que puede lucirse un buen encofrador.

El procedimiento para el trazado, biselado y colocación de los tableros viene a ser casi igual al descrito para los cimientos tronco-piramidales de los pilares. Por lo que omitimos la descripción y nos contentamos con presentar los dibujos de un encofrado característico de estos capiteles. (Figura 54.)

V
ENCOFRADO DE PILARES DE PORTICO

PORTICOS

Hasta ahora hemos visto la forma de encofrar pilares «suelos», es decir, en que al calcularse que las vigas que descansan sobre ellos van sencillamente apoyadas, se hormigonan por separado: pilares primero, vigas después. Se encofra, pues, el pilar, se hormigona en una o en varias etapas y transcurrido cierto tiempo (el que rige en el ritmo impuesto a la obra para su buena marcha) se encofra la viga y se hormigona ésta.

Pero un **pórtico** es la pieza de obra de hormigón en que pilar y viga van unidos entre sí «rígidamente», sin solución de continuidad y donde los esfuerzos a soportar son muy distintos a los que ya sabemos rigen para las vigas simplemente apoyadas. En los casos de pilares y vigas, aquéllos trabajan principalmente a compresión, por las cargas transmitidas hasta ellos por las vigas. En cambio, en los pórticos o estructuras aporticadas, los pilares, también llamados jambas, están sometidos a esfuerzos de flexión, en las bases de pilares aparecen esfuerzos horizontales, etc.

Todo lo anteriormente dicho trae como consecuencia lógica el que la sección transversal del pilar o jamba, no sea la misma en toda la altura del mismo. Y mientras tres de sus caras en una misma jamba son verticales, la cuarta, que es la inferior al pórtico, suele estar inclinada hacia adentro, de manera que en la parte superior tiene más sección que en el pie.

Taller

Podemos casi admitir aquí cuanto dijimos en materia de pilares en las páginas anteriores. La diferencia estriba en que dos tableros tienen una forma de trapecio, en vez de ser rectangulares, como sucedía en los

29 - 51 - 6

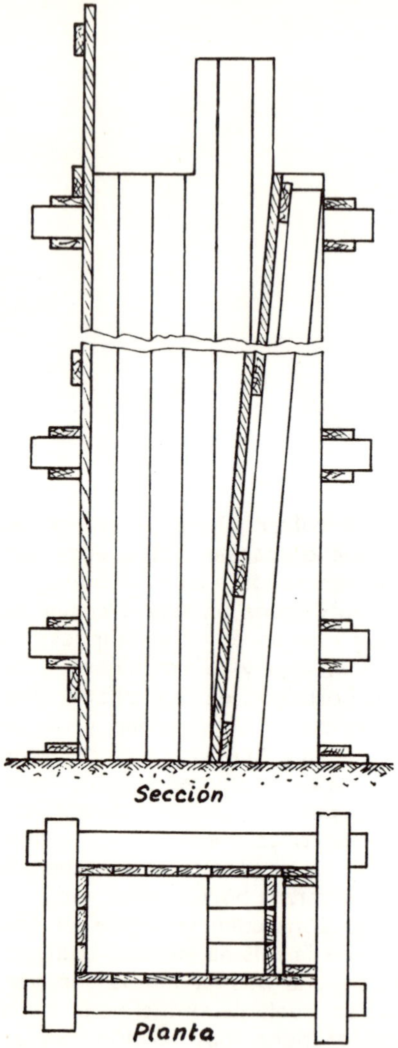

Figura 55

casos anteriores. Esto se consigue aserrando tablas en el sentido transversal, o de su mayor longitud, con oblicuidad para ir ganando la anchura necesaria.

Los dos tableros trapeciales no llevan barrotes y las tablas deben clavarse a las altarjías, tal como se muestra en la figura 55, que sirve para el embricado posterior.

El tablero vertical exterior, de forma rectangular, como la de un pilar normal, no ofrece dificultades. Los dos tableros laterales exteriores llevan un embarrotado bastante ligero, el suficiente para atender estrictamente a su rigidez, ya que la misión resistente no va confiada a ellos, sino a los marcos o bridas.

El tablero interior, inclinado, es también de sección rectangular, como el de un pilar normal, pero en este caso los esfuerzos que debe soportar son mayores a aquéllos, ya que tienen esta forma tan especial y al hormigonar, el hormigón trabaja sobre esa pieza considerablemente. Las distancias entre barrotes suelen ser muy pequeñas, ya que es conveniente colocarlos a distancias no superiores a los 50 cm. Naturalmente, en la parte inferior, o pie de la jamba, la separación entre barrotes será algo menor.

Otras veces, para aumentar la resistencia de este tablero se coloca una tabla, llamada por tanto «tabla de aguante», clavada a un extremo del tablero, para darle mayor consistencia.

Estas tables «de aguante» suelen ser tablas sencillas, de las mismas que sirven para encofrar, y van tal como se indica en la figura 56. Se clavan a los tableros laterales cuando éstos no han sido cortados para darles la forma trapecial necesaria al pilar del pórtico o jamba. Como el

Figura 56

tablero interior tiene de grueso, dos gruesos de tabla (uno es el suyo, otro el del embarrotado consiguiente), la tabla de aguante debe clavarse a una distancia de esos dos gruesos de tabla a partir de la línea de hormigón, es decir, a 5 cm de la cara del pilar, si es que el grueso de tabla es de 2,5 cm.

Para reforzar estos encofrados, suele también usarse del atirantado, del cual ya hemos hablado en el caso de los pilares y que aquí se emplea con las mismas características.

El arriostrado de las jambas de un pórtico se efectúa mediante las tornapuntas, tal como ya se ha visto anteriormente.

Y en definitiva, el resto de detalles es similar a los ya descritos.

VI
ENCOFRADO DE VIGAS Y JACENAS

ENCOFRADO DE VIGAS

Las vigas son las piezas horizontales que descansan sobre los pilares, o bien sobre muros de mampostería, fábrica de ladrillo, etc. Su encofrado consiste, en términos generales, en dos tableros laterales y uno de fondo.

Para su mejor estudio, las dividiremos en:

a) Vigas ligeras, medias y gruesas, tal como hacíamos para el estudio de los pilares.

b) Según el lugar que ocupan en el conjunto de la edificación: en vigas de fachada, interiores y exteriores.

Para todas estas vigas rigen ciertas normas generales, que podemos definir así, en términos generales:

Los tableros laterales tienen la anchura de la altura de la viga aumentada en un grueso de tabla, ya que el tablero de fondo, va siempre entre los laterales.

Los tableros de fondo suelen ser muy ligeros, ya que la resistencia del mismo se confía a los apeos.

Los tableros del encofrado de una viga descansarán totalmente sobre la cabeza del encofrado de los pilares.

En la figura 57 vemos los elementos que constituyen el encofrado completo de una viga.

Pasemos ahora a exponer las distintas formas en que se nos puede presentar una viga.

VIGA DE FACHADA

Como es lógico, esta clase de vigas tienen por característica la de tener por uno de sus lados los muros de fachada que cierran el edificio, y por el otro reciben la carga de la losa del suelo del piso alto.

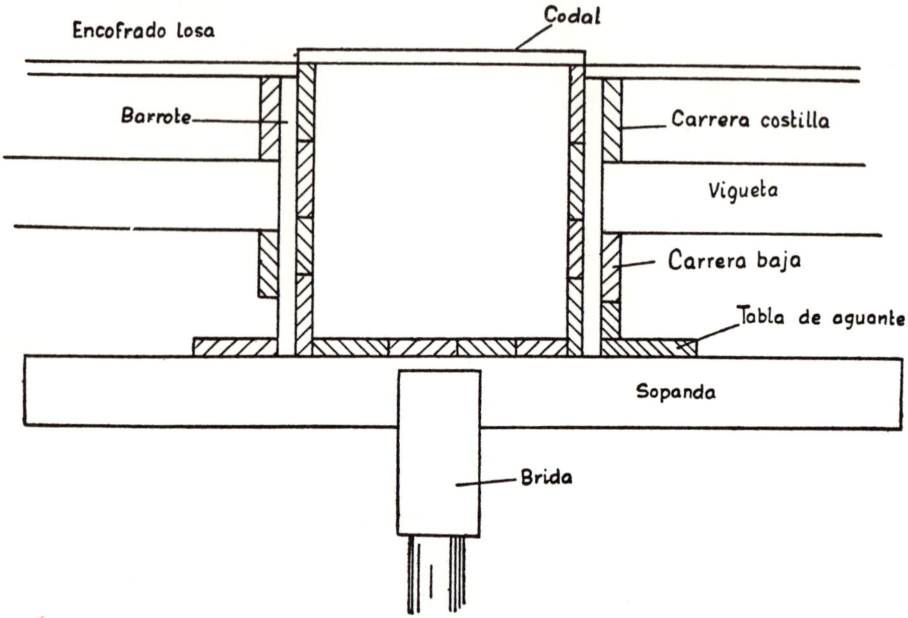

Figura 57

Al estar esta viga al exterior, los dos tableros laterales tendrán diferente altura, ya que por la parte de la fachada hay que dar molde a toda la altura de la viga, por lo tanto, el tablero correspondiente tendrá por altura total la de la viga más un grueso de tabla, correspondiente al que tiene el tablero de fondo. En cambio, el tablero interior acaba en el encofrado de la losa. Su altura será, pues, aquella que resulte de disminuir a la altura de la viga el grosor de la losa más un grueso de tabla, que es el de fondo. En la figura 58 vemos la disposición de una viga de este tipo.

Taller

El tablero exterior, que es el de mayor altura, se ve libre de la losa, por lo que su construcción es corriente. Los barrotes deben de llegar al extremo más alto del tablero. Los barrotes extremos no se clavarán en los extremos del tablero, sino a una distancia de ellos que corresponda a un grueso de tabla, ya que el encofrado de las vigas, como sabemos, se apoya en el de los pilares. En el caso, también muy corriente, de que se encofre la viga después de haber desencofrado el pilar, la longitud total

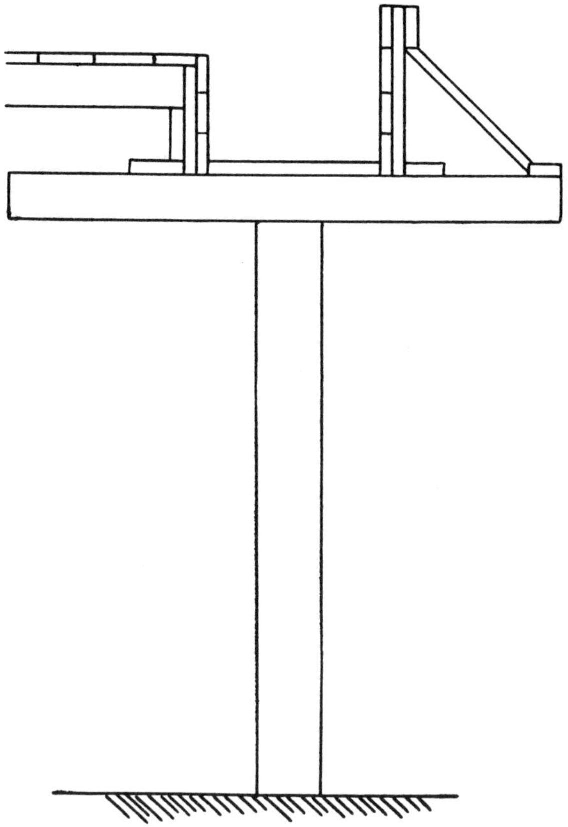

Figura 58

de los tableros sí que será la luz libre o distancia entre las caras más próximas de dos tableros consecutivos.

Lo común es que el montaje de los tableros no se efectúe a pie de obra. Para poder transportarlos con seguridad, es siempre conveniente que la clavazón sea firme.

Es corriente dar a los barrotes una separación comprendida entre los 50 y 60 cm, ya que han de soportar el empuje que el hormigón ejercerá sobre los tableros laterales. Estos barrotes suelen tener una escuadría de 50 mm por 25.

Para el tablero inferior, además de las consideraciones antedichas, teniendo en cuenta que la altura viene disminuida respecto al tablero exterior en la altura de la losa del piso, hay que tener las siguientes:

Como en estos tableros apoyan los encofrados de la losa, hay que disponer de una tabla horizontal, clavada a los barrotes, que se llama **carrera.** Generalmente, en planta, los pilares no suelen estar distribuidos según los vértices de un cuadrado, o dicho de otro modo, la losa que apoya sobre cuatro pilares no es un cuadrado, sino un rectángulo. El encofrado correspondiente a este trozo de losa llevará las tablas según la mayor dimensión y, como es lógico, los barrotes o costillas que refuerzan dichos tableros, irán perpendiculares a ellos, es decir, en el sentido de la menor dimensión del rectángulo. Por lo tanto, esto habrá de tenerse en cuenta a la hora de clavar el tablero lateral interior del encofrado de la vida de fachada de la carrera correspondiente. Si se trata de la viga que corresponde al lado menor del rectángulo, entonces la carrera se sitúa a unos 2,5 cm (o sea un grueso de tabla) por debajo del borde superior del tablero de la viga, ya que allí se apoyará el tablero de la losa. Si estamos en el caso de pertenecer la viga en cuestión, a la parte de la mayor dimensión del rectángulo, entonces la carrera debe clavarse a una distancia del borde superior del tablero lateral del encofrado de la viga, que es la suma de un grueso de tabla más lo que corresponda al ancho de los barrotes o costillas del encofrado de la losa. Esta carrera se clavará en el taller, no en el momento de poner el encofrado en obra.

El tablero de fondo tiene la misma longitud que los tableros laterales, salvo en el caso de que existan cartelas, en cuyo caso llegarán hasta el arranque de éstas. La **cartela** es una solución de continuidad de la viga en las proximidades del apoyo con los pilares y sus dimensiones vienen dadas por el cálculo.

La anchura del tablero de fondo es la misma que la que tiene la viga de hormigón, ya que, como hemos dicho y se ha mostrado en la figura 57, el encofrado de fondo va clavado entre los tableros laterales.

El embarrotado de estos tableros de fondo, para poderse apoyar a los laterales y con ello dar mayor consistencia al encofrado, suelen tener una longitud igual a la anchura de la vida más dos gruesos de tabla. Este grueso de tabla, saliendo por cada lado del tablero de fondo, facilita grandemente el montaje de la totalidad del encofrado. Pero como ya decimos, esos salientes son para «apoyar los laterales», es decir, que no se clavarán, ya que con ello se dificultaría enormemente la operación de desencofrado. El desencofrado de las vigas no sigue el mismo proceso que el de los pilares. En éstos se quitan los tableros todos a la vez, al cabo del plazo fijado para ello y que depende en gran manera de la temperatura ambiente. En cambio, en las vigas, se desencofran primero los laterales (esta operación puede incluso realizarse pasadas veinticuatro horas, cuando el clima es caluroso) y, en cambio, los fondos de las vigas deben todavía continuar muchos días más. Por ello sería fatal clavar los fondos por medio de los salientes de sus barrotes a los laterales, sino los laterales a los tondos.

Puesta en obra

Lo usual es que en primer lugar se coloque en obra el tablero de fondo. Para ello es imprescindible haber dispuesto todo el material auxiliar necesario, tal como los puntales de apeo, las tablas llamadas **sopandas** y que son sobre las que se apoya el tablero de fondo. Este tablero se apoya en sus extremos sobre el encofrado de los pilares, si están todavía, o sobre un puntal adosado al pilar, cuya sopanda está situada a la altura conveniente, para que al apoyar el tablero de fondo, quede éste debidamente.

También puede armarse el molde fuera de la obra, para lo cual es necesario colocar unos codales que aseguren la correcta forma del encofrado. Estos codales se quitan una vez ya asegurado el encofrado en obra.

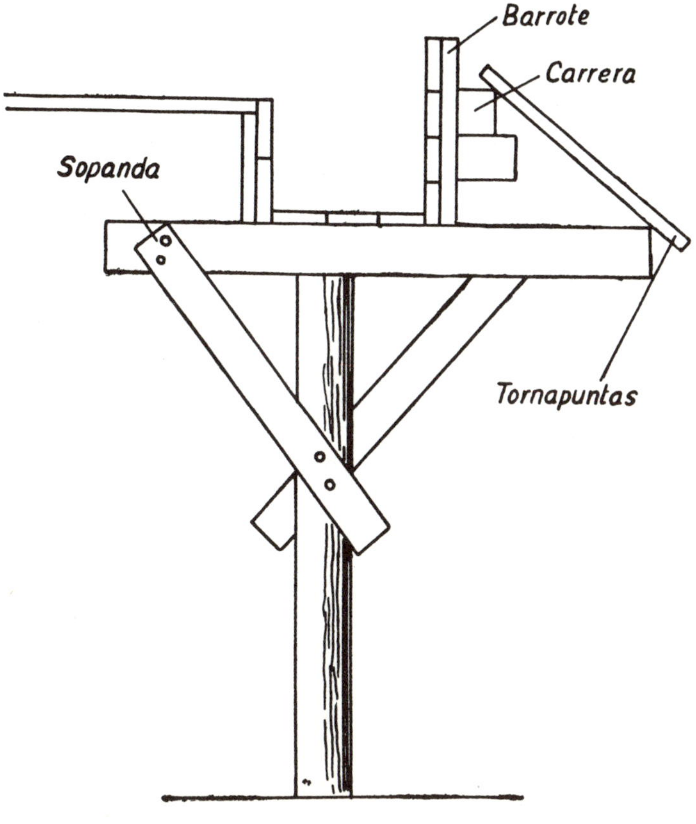

Figura 59

Asentado el tablero de fondo en los dos apoyos extremos, se procede a colocar los puntales (que suelen estar constituidos por unos rollizos o troncos de escaso diámetro, de unos 12 a 8 cm de diámetro) con las correspondientes sopandas (en la parte inferior de la figura 60 vemos un puntal con su sopanda) y que son las que realmente tienen a su cargo el mantener horizontal el tablero de fondo, y después se procede a colocar los tableros laterales.

El tablero lateral exterior se arriostra, tal como se muestra en la figura 59, clavando unos tornapuntas a la cabeza de las sopandas, y evitando el deslizamiento de dicho tornapuntas mediante una tabla de tope o de aguante. También se puede clavar dicho tornapuntas al extremo de la sopanda.

Las sopandas están aseguradas con dos jabalcones, que al triangular la figura le da mayor consistencia. La longitud de estas sopandas es la suficiente para sobresalir del tablero de fondo con el fin de poder clavar en ella los tornapuntas con la debida garantía.

Para la buena marcha del apuntalamiento, los rollizos tendrán una altura un poco inferior a la que tiene el pilar (es decir, hasta el tablero de fondo), disminuida en los gruesos de tabla correspondientes a las sopandas y a las tablas que se colocan al pie para dar un apoyo firme, plano y horizontal. Además, para lograr un perfecto apoyo, se dispondrán cuñas para llevar el tablero de fondo a su sitio exacto.

El número de rollizos o puntales a colocar depende de varios factores, tales como dimensiones de la viga a hormigonar, peso que va a soportar durante el hormigonado, etc. Téngase muy en cuenta que hasta que la viga no esté en condiciones de «valerse por sí misma» y de soportar las cargas que incidan sobre ella en las restantes fases de la obra, son los puntales los que deben sufrir todos los esfuerzos. Por lo general, se suelen colocar los rollizos separados de 60 a 70 cm, aunque ya decimos que ello depende de los factores antedichos.

Podría, incluso, calcularse el número de rollizos necesarios de la siguiente manera:

Conocida la sección de la viga a hormigonar, su longitud, etc., se calcula el peso de la misma. También se determina el peso del molde y de las demás cargas que va a soportar la viga durante todo el proceso de hormigonado hasta su desencofrado.

Así llegamos a determinar el peso o carga por metro lineal de viga encofrada. Suponiendo como cifra de seguridad, que el centímetro cuadrado de sección de rollizo soporta 40 kg, podemos deducir la sección necesaria de aquéllos a colocar en puntales y su separación.

En la base del puntal se colocan las tablas o tablones que den a aquéllos, no sólo una base regular, sino un reparto al terreno de las cargas que soportan. Si no fuera así, el puntal se clavaría en el suelo (en el caso en que éste no fuera de hormigón o resistente). Entre estas zapatas y el puntal, se colocarán las cuñas precisas para llevar a su posición los puntales. Una vez conseguido esto, y para evitar deslizamientos producidos por cualquier causa, se clavarán ligeramente las cuñas a las zapatas, pero sin llevar a fondo los clavos, ya que ello dificultaría la operación inversa de desencofrar.

Seguridad en los puntales

Naturalmente, deberán rechazarse todos los puntales que no estén bien derechos, ya que por ser piezas esbeltas pueden flexionar bajo la carga recibida. Para evitar esto, incluso en los rollizos más derechos, cuando la altura es considerable, es necesario arriostrar debidamente los puntales. Para ello es suficiente que se claven a media altura tablas, de manera que unan cada rollizo con el más próximo, tanto en el sentido de la misma viga a que pertenecen como apeos, como en el sentido perpendicular con la viga siguiente. Con este modo de arriostrar los puntales, no habrá forma de que pandeen y peligre el encofrado.

Y ya que hablamos de puntales para apeos de vigas a considerable altura, conviene recordar que no siempre encontraremos puntales adecuados para esa altura, o que ya tengamos en obra otros puntales más cortos por cualquier circunstancia. Se pueden aprovechar éstos mediante un empalme eficaz, que nos permita alcanzar la altura deseada sin que por ello se pierda resistencia en el apeo. Desde luego, hay que evitar que todos, absolutamente todos los puntales sean empalmados. Por lo menos, deberemos emplear de un sesenta a un setenta por ciento de puntales enteros y el resto pueden ser empalmados.

El empalme debe hacerse en un extremo, es decir, utilizando un rollizo que tenga una longitud igual o superior a los dos tercios de la total a conseguir, ya que el pandeo viene a producirse por la parte central. No hay, pues, que empalmar dos trozos de rollizo iguales, sino, como mínimo, que uno tenga el doble de la longitud que el otro. Con ello ya nos salimos fuera de la zona peligrosa.

En el empalme se cortarán dos caras bien lisas, para que asienten bien la una sobre la otra, y este corte se dará perpendicularmente a la longitud del rollizo, para evitar deslizamientos. Luego con dos tablillas se procede al clavado y unión de los dos trozos de rollizo.

A veces, y para mayor seguridad, se colocarán cruces de San Andrés, arriostrando los puntales y tornapuntas. Los primeros para mantener los puntales en el plano vertical que pasa por la viga apeada y las segundas para evitar deslizamientos de puntales, caídas, etc.

Estas vigas de fachada que acabamos de describir deberán de cuidarse mucho, ya que es delicada su construcción por las especiales características que reúnen.

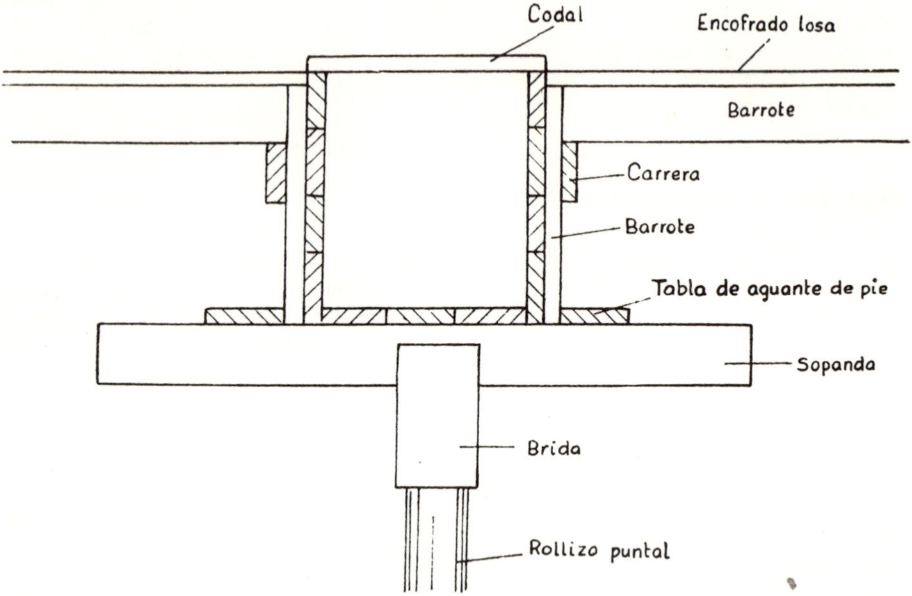

Figura 60

VIGA INTERIOR

Por lo general, una viga interior se caracteriza por tener que soportar la losa del piso superior por ambos costados, a diferencia de las vigas de fachada, que sólo tenían la losa por la parte interior.

Tableros laterales

En este caso, figura 60, en que se muestra una viga interior, los dos tableros laterales son iguales, y su altura será la de la viga, disminuida en la altura de la losa y aumentada en un grosor de tabla, que corresponde al tablero de fondo.

Tablero de fondo

En este caso de las vigas interiores, el tablero no difiere absolutamente en nada del ya descrito para el caso de vigas de fachada.

Taller

Podemos repetir aquí cuanto ya dijimos sobre el montaje de tableros en taller de los moldes para vigas de fachada, de manera que el lector debe recordar cuanto en aquella ocasión dijimos.

Puesta en obra

También es idéntica la puesta en obra de los tableros en el caso presente.

ENCUENTROS DE VIGAS

Esquinas

En el caso que aquí vamos a describir, suponemos que el encuentro de las dos vigas que forman la esquina, están en voladizo, es decir, sin

Figura 61

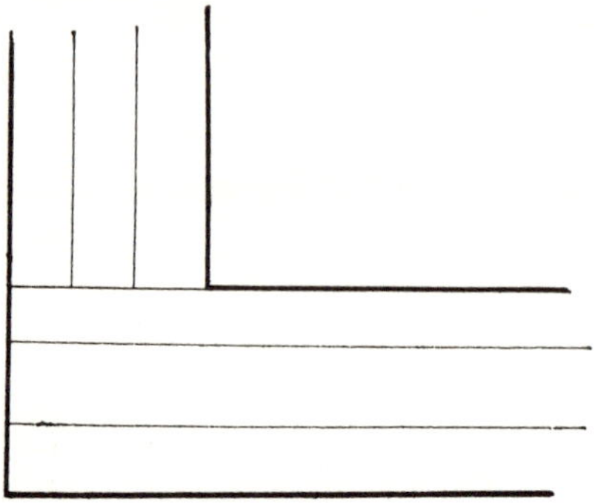

Figura 62

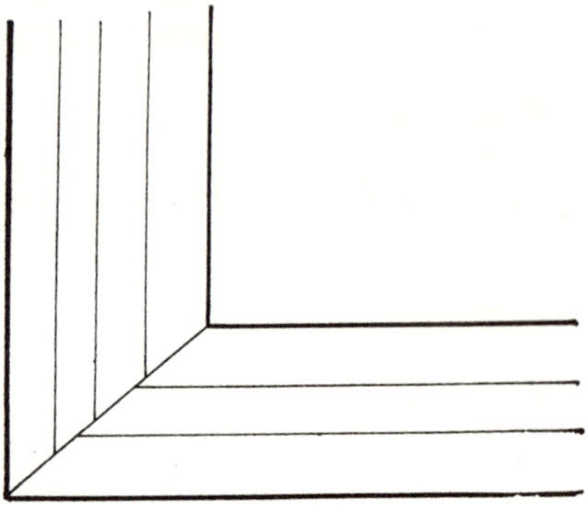

Figura 63

apoyar en la mencionada esquina en pilar alguno, ya que si así fuese, no habría problema especial alguno. Se trataría simplemente de dos vigas de fachada que descansan sobre un mismo pilar.

En la figura 61 representamos una esquina en vigas de voladizo. Los tableros no presentan novedad alguna sobre los ya descritos anteriormente. Se tendrá en cuenta, en cambio, que las carreras y las tablas de aguante no tendrán la misma longitud que los tableros, sino que sobresaldrán lo necesario para que se puedan asentar sobre estas piezas las tablas que sirven de aguante y sujeción vertical de la citada esquina, las que van clavadas a las carreras.

La única variación sensible consiste en los tableros de fondo, ya que en nuestro caso presente se encuentran los planos que lo constituyen a un mismo nivel. Por tanto, este encuentro de ambos tableros puede hacerse:

a) Con un tablero «corto» y otro «largo». Uno de los tableros de fondo cubre toda la esquina y en cambio, el otro, no llega al vértice, siendo la distancia que aún le falta, la del ancho del otro tablero. Este tipo de fondo se llama **junta de borde y testa**. En la figura 62 se muestra un encuentro de este tipo.

b) Con ambos tableros encontrándose en cada punto, formando, pues, su junta, una línea diagonal que une los dos vértices de los tableros. En la figura 63 mostramos un tipo de encuentro con **junta a inglete.**

Describiremos las características que nos puedan interesar de estos dos tipos de encuentros.

En la preparación de los tableros de fondo para una junta a «borde y testa» no hay que tener más precaución que darle la debida longitud a cada tabla, para que su encuentro en la junta sea lo más perfecto posible. En el aputnalamiento de estos fondos hay que colocar una sopanda precisamente debajo de la junta y cruzándose con ésta, y aproximadamente por la mitad de la longitud de la junta, otra sopanda. Se apearán estas dos sopandas, apoyándose en el cruce de ambas, con un puntal, y desde los extremos de las sopandas pondremos jabalcones al puntal, para arriostrar aquéllas.

En la preparación de los tableros de fondo para una junta a «inglete» se debe tener muy en cuenta el asserrado en diagonal de las tablas para que luego unan perfectamente. Si las dos vigas tienen el mismo ancho, caso que será el más frecuente, el ángulo de corte es el de 45 grados y podremos replantearlo y aserrarlo perfectamente.

Para el apuntalamiento de una junta de este tipo, basta con situar una sola sopanda a todo lo largo de dicha unión.

Estas dos son las dos uniones más corrientes que se efectúan. Puede hacerse, no obstante, otros tipos de juntas que, por sencillas, se resolverán sin dificultad.

VIGAS ACARTELADAS

Razón de las cartelas (1)

En el cálculo de las vigas se obtiene, a veces, que los esfuerzos que ha de soportar ésta en su unión al pilar, son considerables. Para absorber estos esfuerzos bastaría aumentar la sección de hierro en esas zonas «pe-

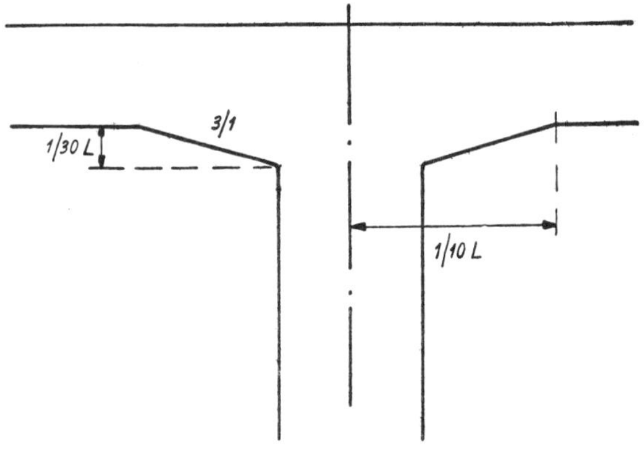

Figura 64

(1) Si el lector quiere tener una idea más exacta acerca de la razón de ser de las cartelas, debe consultar las monografías núms. 33 y 34, **TECNICA Y PRACTICA DEL HORMIGON ARMADO** de esta misma colección, ya que aquí sólo damos una muy ligera noción acerca de las mismas.

29 - 51 - 7

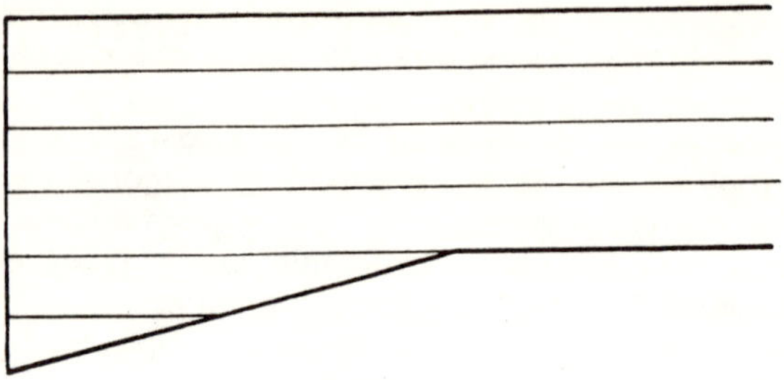

Figura 65

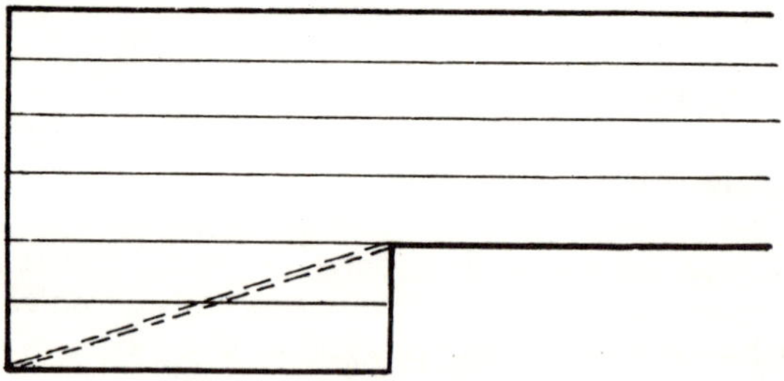

Figura 66

ligrosas». Pero esto no siempre es económico y se recurre a la otra solución: acartelar la viga, con lo que se consigue aquel efecto de resistencia al aumentar la sección de hormigón, por una parte, y por otra, porque permite «alejar» la normal sección de hierro que teníamos en los redondos colocados ya en la viga, aumentando, pues, el brazo de palanca y, por lo tanto, el valor de resistencia de las armaduras frente a los esfuerzos a soportar.

Las longitudes a dar a las cartelas las da el cálculo, aunque a veces también suelen darse «a priori». Así, se toma como longitud más corriente para la cartela, la de la décima parte de la luz entre pilares y que la pendiente de la cartela sea la de 3/1. En la figura 64 representamos una cartela.

Por tanto, la sección transversal de esta clase de vigas no es constante, sino que por las cartelas sufre una variación en su fondo.

Taller

La preparación de tableros no ofrece dificultades. Podemos obtener los acartelamientos según mejor podamos disponer de la madera en almacén, o bien cortando las tablas para darle la forma necesaria, tal como representamos en la figura 65, que tiene el inconveniente de estropear madera sin posible recuperación. La otra solución consiste en añadir tablas en la parte acartelada, sin aserrar, sobre las cuales se clavarán, en la posición debida, las de fondo de la cartela (figura 66). Esta solución tiene a su vez el inconveniente de emplear madera en mayor cantidad de la necesaria, pero ésta no se estropea ni se desperdicia.

El resto de las características es idéntico a cuantas hemos descrito para los tableros laterales de las vigas. Se tendrá presente el darle a estos tableros laterales la anchura necesaria para que, además de la altura de la viga, queden comprendidos en ellos el tablero de fondo con sus barrotes y, si las hay, las tablas de aguante. Es corriente marcar sobre los tableros laterales las líneas que limitan la superficie inferior de la viga y se traza también la línea paralela a la distancia, que da un grueso de tabla más la de los barrotes, todo ello correspondiente al tablero de fondo.

La preparación de este tablero se efectúa, corrientemente, de la forma siguiente:

1.° Prepararemos las tablas correspondientes al tablero como si no existiese la cartela, es decir, como un caso de viga de sección igual. Se monta embarrotándolo con varios barrotes, pero no con su totalidad.

2.° Por la cara embarrotada se marca la línea extremo de la viga, es decir, donde da comienzo la cartela.

3.° Se marca con la sierra, sin profundizar en la tabla en exceso.

4.° Con la azuela se hace una muesca inclinada del lado donde queda la cartela.

5.° Se dobla la porción de tablero correspondiente a la cartela, obteniendo ya ésta completamente.

Es, como puede imaginarse, una operación que requiere alguna habilidad, pero no vaya a creerse que es muy difícil de conseguir.

Naturalmente, también se puede formar por piezas la cartela y su viga, pero queda menos perfecta. Todo consiste en sendos tableros medidos cuidadosamente y acoplados con habilidad.

Para mayor seguridad, se suele colocar un embarrotado formado por dos barrotes, en el lugar donde se inicia el quiebro de la cartela, uno en cada lado de ese quiebro, es decir, uno en cada lado o tablero.

VIGAS MAESTRAS Y BROCHALES

Se llaman **vigas maestras** a todas las ya estudiadas y que, resumiendo, son las que apoyan en otros elementos de obra, tales como pilares, muros de fábrica, hormigón, etc. En cambio, se suelen llamar **brochales** a aquellas otras vigas que se apoyan en las maestras. También se les llama **viguetas.**

El encofrado es, pues, algo diferente a los ya descritos.

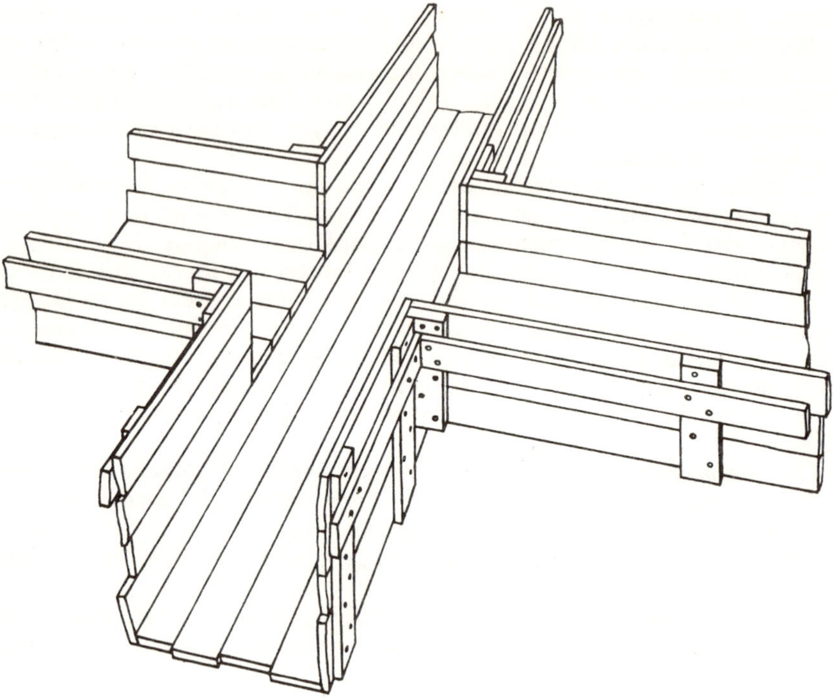

Figura 67

Taller

Por lo general, los tableros que constituyen el encofrado de la viga maestra difieren poco de los que ya hemos visto en los casos anteriores. En la figura 67 vemos cómo una viga brochal «entrega» en una viga maestra.

En los tableros laterales de la viga maestra se colocará un barrote debajo de la abertura de entrega, tal como ya vimos que se hacía en los apoyos de las vigas sobre los pilares, penetrando el encofrado de los brochales en el de la viga maestra. La abertura a practicar en los costeros de la viga maestra debe tener una anchura igual a la que debe tener la sección de la vigueta más dos gruesos de tabla. En cambio, la altura será igual a la que deba tener la vigueta disminuida en el grueso correspondiente a la losa de piso más un grueso de tabla, que corresponde a un grueso de fondo.

Además del barrote de fondo, clavado en el lateral del encofrado de la viga maestra, para apoyo del tablero de fondo de la viga brochal, se colocarán dos barrotes más en los laterales de la abertura de entrega, tal como se ve en la citada figura 67. En esta misma figura se expresa la situación en que debe estar la carrera.

El encofrado de las vigas brochales no ofrece dificultad, siendo válido cuanto hasta aquí dijimos acerca de lo referente a vigas.

El encuentro de ambas vigas, como puede comprenderse, es un punto débil y por lo tanto deberá apearse con gran cuidado; para ello dispondremos de un buen puntal, que se colocará precisamente en el centro del encuentro de ambas.

La nivelación de ambas vigas también debe de hacerse con mucho cuidado, colocando las cuñas en la debida forma para llevar los fondos de ambos moldes al lugar exacto.

Deberá también vigilarse que al colocar las armaduras de ambas vigas, por ser algo más complicadas que en el caso sencillo de una sola viga maestra, no se hayan movido los tableros, y llevarlos de nuevo a su verdadera posición en el caso contrario.

VII
ENCOFRADO
DE
MUROS

ENCOFRADO DE MUROS

Se distingue este tipo de encofrados del resto de los estudiados hasta ahora porque en ellos se emplean tableros de grandes dimensiones, en consonancia con las también considrables dimensiones que adquiere este tipo de obra, al contrario de lo que sucedía en el caso de pilares y vigas, caracterizadas por su estrechez y longitud. Aquí, en cambio, en el encofrado de muros y paredes, habrá de disponer de tableros grandes en consonancia con la obra a ejecutar.

Replanteo

Una vez hormigonado el cimiento sobre el cual se va a asentar el muro que tratamos de encofrar, se procede, sobre el enrasado de aquél, a replantear o delimitar el nuevo encofrado. Tendremos muy en cuenta que no conviene dejar endurecer totalmente el hormigón de enrase de cimientos, para poder dejar «agarrados» los clavos y tablas que forman la carcelilla o tablas de sujeción de la base inferior del encofrado. Estas carcelillas se situarán de la manera siguiente:

Fijado el eje del muro a encofrar, las tablas de sujeción de la base inferior no irán a una distancia de ese eje igual a la mitad del espesor del muro, ya que hay que tener en cuenta, además de éste, gruesos de tabla y anchos de las tablas que forman las costillas.

Así, pues, y fijándonos en la figura 68, que muestra una planta, tenemos, si llamamos **e** al espesor del muro, **g** al grueso de tabla y **c** al ancho de costilla:

$$\text{Separación entre tableros} = \mathbf{e} + 2 \,.\, \mathbf{g} + 2 \,.\, \mathbf{c};$$

y lo que tenemos que alejarnos del eje del muro: $\mathbf{e}/2 = \mathbf{c} + \mathbf{g}$.

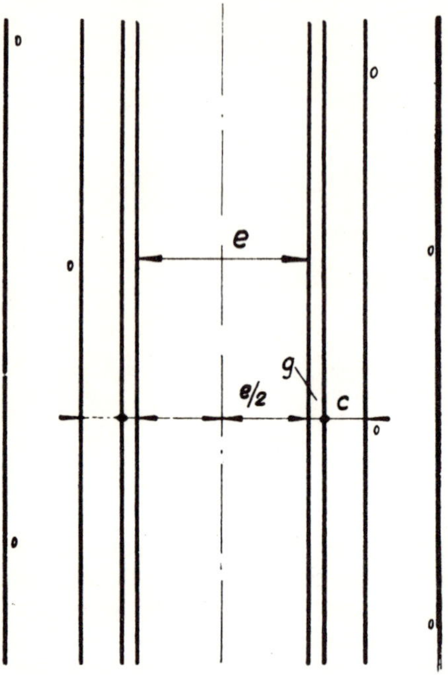

Figura 68

Para este tipo de «carcelillas» se emplea la misma tabla de encofrar, teniendo, pues, por escuadria 2,5 × 10 centímetros.

Ejecución

Es corriente que, una vez clavadas las «carcelillas», se proceda a sujetar las costillas, sobre todo las extremas del encofrado y varias del centro. Para ello se procederá a su aplomado con toda precisión y se le clava un tornapuntas para su afirmado. Es fundamental, repetimos, el perfecto aplomado de estas costillas que ahora situamos, ya que en ellas se van a apoyar todas las operaciones sucesivas. Para mayor seguridad, se clava horizontalmente una tabla en la parte superior de las costillas, que les da mayor rigidez e impide que se separen, inclinándose, del plano que forman sus aristas interiores (cara del muro).

En la figura 69 vemos una tabla de aguante de pie, o carcelilla, con dos costillas ya aplomadas y una de ellas con un tornapuntas para arriostrarla verticalmente. También se ha dibujado una riostra horizontal en la parte superior para evitar que las costillan venzan.

Los tornapuntas van clavados por su extremo superior, como ya hemos visto, por dos clavos a la cabeza de las costillas. Por la parte inferior, que se corta en bisel, debe afianzarse bien al suelo, o también puede clavarse una tabla que ya habremos dejado recibida en el hormigón del suelo para esta misión. Si todo ello, es decir, si no se hubiera dejado previamente clavada una tabla en el hormigón para sujetar el extremo del tornapunta, también podemos obtener esa rigidez mediante el clavado de una tabla o mejor un cuadradillo. En la figura 70 vemos un tornapuntas cuyo pie va clavado a la tabla que previamente se ha embutido en el hormigón, y en la figura 71 vemos el caso en que no tuvimos esa previsión o nos convino más establecer «el triángulo de rigidez» mediante un cuadradillo. En fin, en cada caso particular y según los elementos con que se cuenten, así dispondremos el arriostramiento de las costillas.

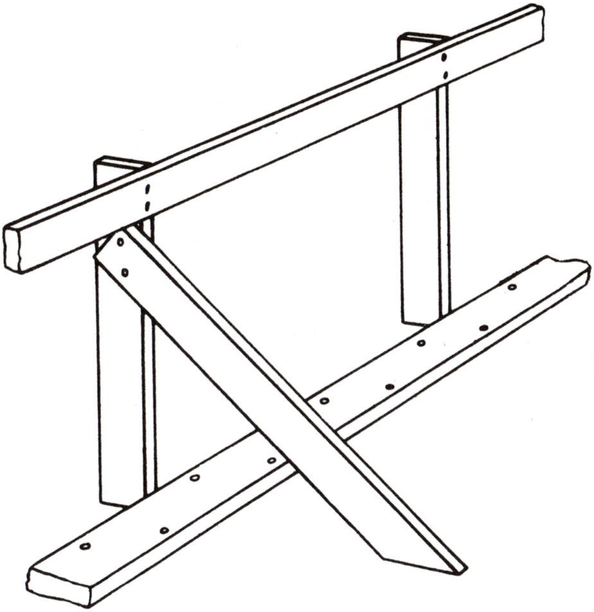

Figura 69

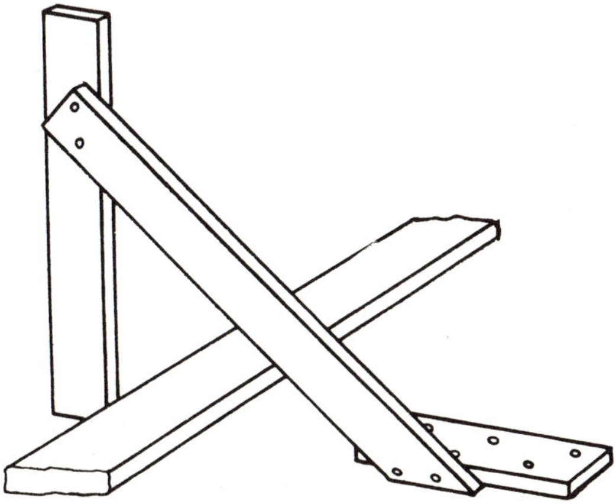

Figura 70

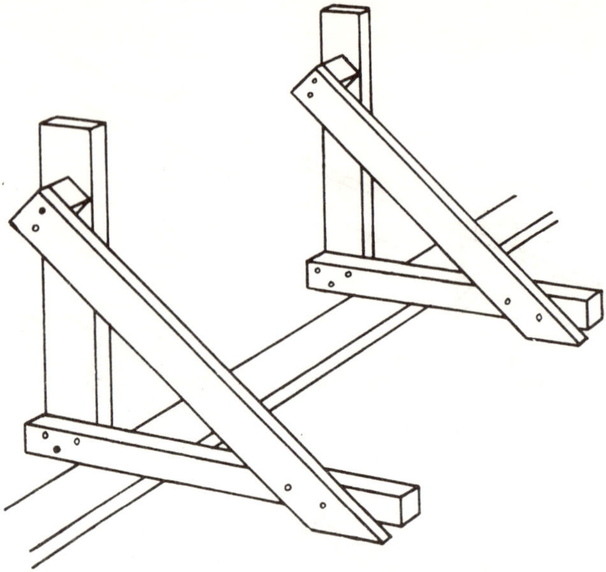

Figura 71

Número de costillas necesarias

No podemos dar una regla o fórmula que dé la solución a este problema. El número de costillas a disponer para que los tableros queden bien seguros ante los esfuerzos que deben soportar viene en función del espesor del muro, altura del mismo, forma de hormigonado, empujes que se suponga habrán de originarse antes de que el hormigón pueda «valerse por sí mismo», etc.

Como una regla general que ha sancionado la práctica, se suele colocar una costilla cada 60 ó 70 cm. Ello es suficiente en casi la mayoría de las obras de este tipo.

En cuanto a los tornapuntas, no siempre suele ser necesario disponer uno en cada costilla. Bastará con colocar un tornapuntas cada dos o tres costillas, incluso menos. Claro que si se trata del encofrado de un muro de considerable altura y se va a hormigonar también en alturas grandes, convendrá que los tornapuntas estén más juntos para mayor refuerzo. También tendremos que disponer de mayor número de tornapuntas en el caso de tratarse de un muro grueso.

Si por economía de obra, o por otra circunstancia, la separación entre costillas fuera superior a los 70 cm, habría que procurarse alguna manera de impedir que las tablas del encofrado se alabeasen o flexionaran al recibir el empuje del hormigón, produciendo en el muro las feísimas «barrigas», que son de un efecto deplorable y cuya corrección no es, naturalmente, muy ortodoxa, ya que hay que andar repicando el hormigón sobrante, enluciendo después, etc. Se impone, pues, una seria vigilancia de las costillas y de los tornapuntas. Claro que todavía no hemos descrito la función que realizan los atirantados y que también impiden que los tableros se abran.

Puede sucedernos que no tengamos suficientes tablas para proceder a colocar un número de costillas que nos permita estar seguros del encofrado. Esto no debe importarnos demasiado si tenemos, en cambio, medias tablas o trozos de tablas de longitud suficiente para poder efectuar empalmes con ellas y obtener así las costillas que nos son necesarias para disponer una cada 70 cm como máximo. Para ello deberemos tener en cuenta, en primer lugar, la forma de solape que debe darse a los empalmes, y en segundo lugar, pero no por ello menos importante, el punto del encofrado donde cae ese solape o empalme. En las figuras 72 y 73 vemos dos formas de solape. La primera (figura 72) no ofrece garantía alguna, por tener poca superficie de contacto. La segunda (figura 73) es más correcta. Indudablemente, cuanto mayor sea la longitud solapada, tanto mejor.

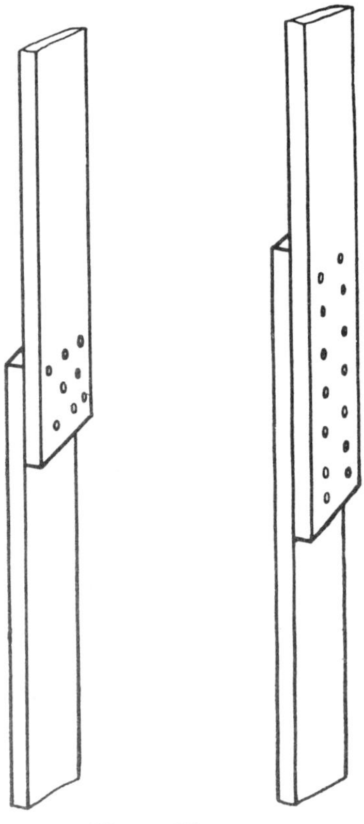
Figura 72

Aun en el caso de que efectuemos un buen solape, tal como se muestra en la figura 74, no por ello deberemos darnos ya por satisfechos. Estos solapes no deben hacerse en cualquier punto, en cualquier altura. Si se colocara entre dos carreras, ante el empuje del hormigón, servirían de bien poco. Por eso hay que situar esos empalmes «precisamente» a la altura de una carrera. En las figuras 74 y 75 vemos cómo debe situarse este solape.

Carreras

Van clavadas a las costillas y suelen colocarse incluso sin necesidad de colocar primero los ejiones. No obstante, siempre es más recomen-

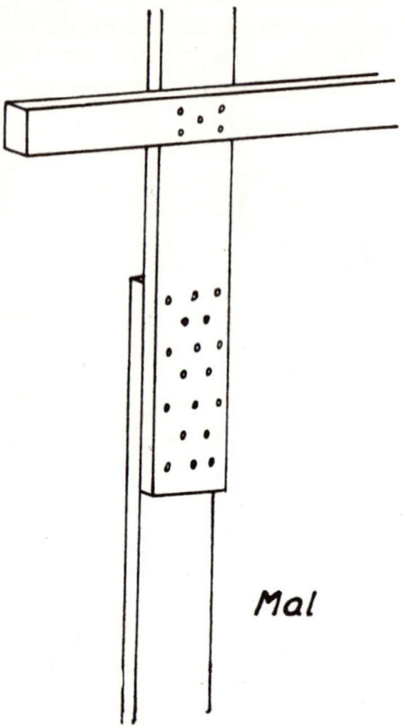

Figura 74

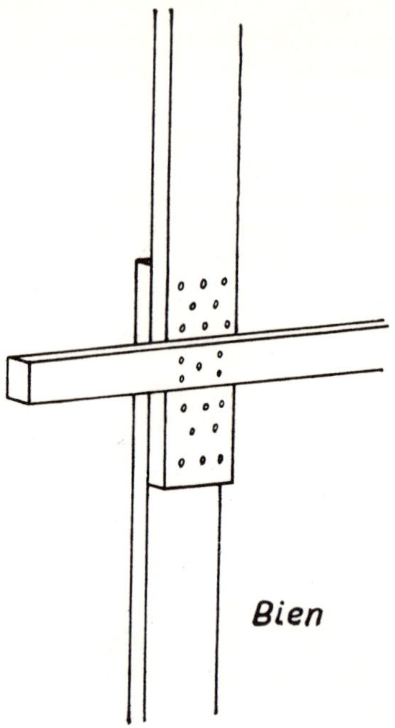

Figura 75

dable colocar primero los ejiones, ya que con ello quedan mejor situadas y apoyadas las carreras. Naturalmente, antes de comenzar el clavado de las carreras, ya se habrán puesto algunas tablas. Se dispondrá así el trabajo.

Se pondrán los ejiones de la primera hilada, dos o tres tablas del encofrado y luego ya la primera carrera, que quedará, pues, situada a corta altura del suelo. Ello es muy conveniente, por ser, precisamente, donde el encofrado sufre mayor empuje a la hora del hormigonado. Luego tomaremos el alambre de atirantar, utilizándolo, como en los casos anteriores, para sujetar los tableros y procurar que no se abran por efecto del empuje del hormigón. Este alambre de atirantar se pasa por encima de la última tabla de encofrado ya dispuesta (en este primer caso, sobre la tercera); se coloca a continuación la cuarta tabla, procurando (el grueso del alambre tratará de impedirlo) que ajuste bien sobre la parte superior de la tercera tabla, para lo cual se golpeará ligeramente con el martillo, y una vez ya conseguido ese acoplamiento entre ambas y el alambre, se pasa por sobre la carrera y la nueva tabla y así sucesivamente. Estos alambres de atirantar se sitúan cada metro, poco más o menos, siempre sobre las carreras.

Las carreras suelen estar constituidas por una sola tabla, en el caso de que el empuje del hormigón y los esfuerzos a soportar no sean demasiado grandes. Por doble tabla, cuando se espere que los esfuerzos sean considerables. Si los esfuerzos son grandes, se suelen emplear cuadradillos o alfajías, de sección 10 × 10.

En cuanto a la separación entre carreras, podemos aquí repetir lo mismo que se dijo cuando hablábamos del embarrotado de los pilares; en la base del encofrado del muro, la separación entre carreras suele ser pequeña, unos 40 a 50 cm (ya vimos que la primera carrera queda a unos 30 cm del suelo); luego, esta separación va en aumento, ya que en la parte alta el empuje va decreciendo con la altura y el empuje a soportar es menor. Por eso se llega a separaciones de 1 metro y algo más.

Como tanto las carreras como los atirantados ejercen la misma función, que es la de evitar que los tableros se separen o abran, si disponemos un gran número de atirantados podemos, a cambio de esto, disminuir la escuadría de las carreras. Pero como norma general, podemos disponer de un atirantado con alambre de unos 3 a 3,5 mm de diámetro cada 70 a 100 cm; se pondrá a 70 cm, en los casos en que estemos encofrando muros de cierta altura o de espesor considerable.

La forma de atirantado ya la vimos cuando tratamos de los pilares, es decir, se les da «garrote», que equivale a decir que por la mitad del tirante se introduce una barra y se gira, de manera que al arrollarse sobre sí mismo, va disminuyendo su longitud y aproximando los tableros hasta la posición deseada.

También puede tensarse el alambre mediante el acuñado exterior.

Claro que al efectuar esta operación, los tableros tienden a vencerse hacia el interior, disminuyendo su separación. Esto se evita siempre mediante la colocación de unos codales precisamente en las cercanías del atirantado. Estos codales estarán cortados a una longitud que es exactamente la anchura o espesor del muro. De esta manera, y dada la rigidez de los codales, este ancho permanece invariable.

A la hora de hormigonar, y conforme la altura del hormigón va llegando hasta los codales, éstos se estiran, ya que no deben quedar embebidos en la masa de hormigón, y además, porque ya no son necesarios, puesto que el hormigón empuja los tableros hacia afuera y los mantiene separados. En cambio, los alambres de atirantar sí que quedan embebidos en la masa de hormigón y, cuando se efectúe el encofrado, hay que tener cuidado de recortarlos bien para que no queden «flecos».

MUROS DE CIERTA LONGITUD

Si los muros son de una longitud escasa, no habrá dificultad en el problema de las carreras. Pero cuando esta longitud excede de las di-

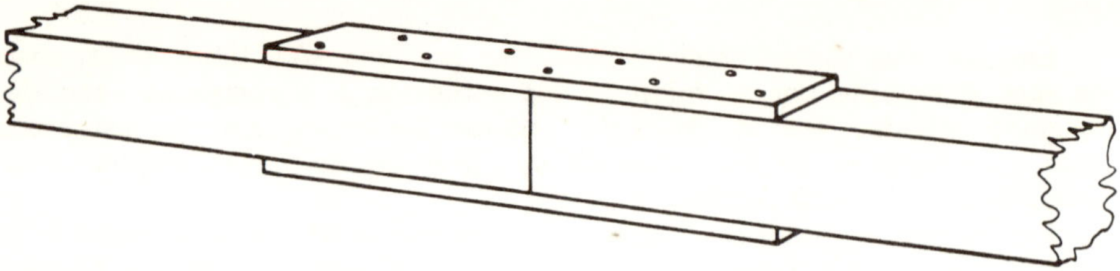

Figura 76

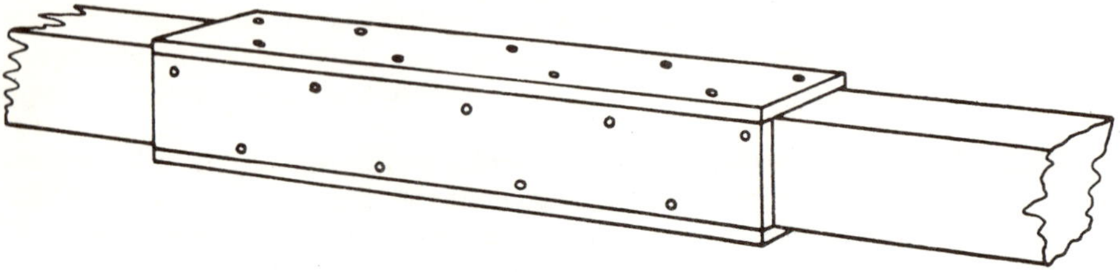

Figura 77

mensiones de aquéllas, entonces se nos presenta, como sucedía con las costillas, el problema del empalme de las carreras.

Estos empalmes pueden ir en cualquier parte del encofrado, no hay prescripción especial para ello. En cambio sí la hay para la forma de efectuar este empalme.

La forma más eficaz de hacerlo es uniendo ambas piezas a testa, no con solape, como hacíamos en el caso de las costillas. Y para evitar que por el empuje del hormigón, estas uniones, al flexionar, rompan ese empalme hay que tomar las precauciones necesarias dando cierta rigidez a la junta. Esto se consigue colocando en ella dos tablas, como se indica en la figura 76, que evitarán, debidamente clavadas, la flexión por la junta. Todavía mejor es la forma de empalme que se ve en la figura 77.

En cuanto al empalme de las tablas que forman el molde no hay dificultad alguna, ya que se van uniendo a testa. Sólo cabrá aquí tener la precaución de reforzar con una costilla maestra el lugar donde se efectúa la junta, para evitar que el encofrado se abra bajo el empuje del hormigón.

En la figura 78 se muestra un encofrado de un muro completo, con indicación de cada una de sus partes más fundamentales y que ya hemos descrito hasta aquí.

PRECAUCIONES ANTES DE HORMIGONAR

Durante todas las operaciones de encofrar, habrán caído suciedades al fondo del molde que es necesario limpiar antes de verter la primera

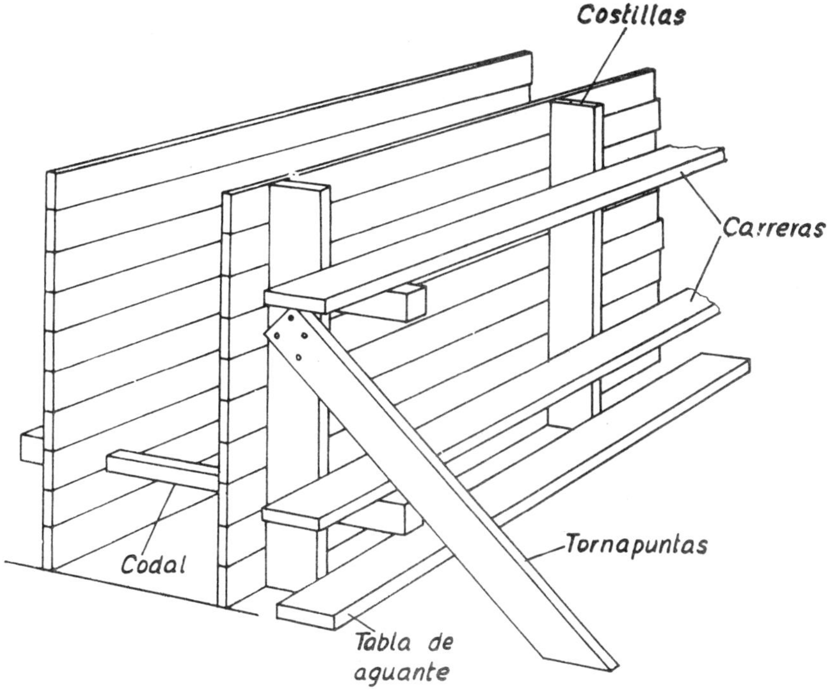

Figura 78

capa de hormigón. Como ya vimos en los pilares, también aquí se suelen ensayar unas ventanas de limpieza, para extraer de ellas cuantas pequeñas cosas hayan caído en el suelo. Una vez efectuada esta limpieza, se cierra bien la abertura, para que por ella no pueda salir al exterior el hormigón vertido ni tan siquiera el mortero.

Si los muros tuvieran una altura superior a los tres metros, es conveniente también hacer ventanas de hormigonado. No es conveniente echar el hormigón desde una altura considerable, ya que con ello los materiales se disgregan. Los gruesos (grava), por ser más pesados, caen antes, y los finos (mortero) caen después, formándose unas capas irregulares de malas mezclas. Si el muro es lo suficientemente ancho para permitir que un peón palee de nuevo el hormigón hasta darle la debida homogeneidad, no hay peligro. Pero si esto no sucede, el hormigón no será de buena calidad.

Por eso decimos que es muy conveniente dejar a alturas de unos tres metros unas ventanas para el hormigonado, con el fin de que no suceda esa disgregación de que hablábamos.

29 - 51 - 8

Otra de las precauciones que suelen tomarse antes de hormigonar es la de darle una mano a los tableros por su parte interior con gas-oil o aceite quemado, llamado así al que se saca de los motores de los automóviles o de los camiones después de que éstos lo han utilizado en la lubrificación. Con este pintado, se evita que el hormigón «se pegue» al tablero y quedan los paramentos de obra más lisos y sin desconchados.

ESQUINAS DE MUROS

Replanteo

No ofrece dificultad alguna el replanteo de una esquina de muro. En realidad es simplemente el encuentro de dos alineaciones en un punto que es común en ambas. Podemos seguir así el mismo procedimiento que describimos ya para el replanteo de un muro normal. Desde luego, como allí, también aquí será necesario haber dejado sobre el enrase del cimiento, antes de que el hormigón fraguase por entero, lo que dificultaría la operación, los clavos y las tablas que permitan formar las carcelillas o tablas de sujeción de la base inferior del encofrado.

En la figura 79 vemos cómo se ha replanteado la esquina del muro. Tenemos trazados los dos ejes de los dos muros que corren a su encuentro. Son estos los **A-A** y **B-B**, cuyo encuentro es el **C.** A la distancia **E** del eje, se traza la línea donde ha de clavarse la tabla de sujeción de la base. Ya vimos que esta distancia **E** no es precisamente la del medio muro

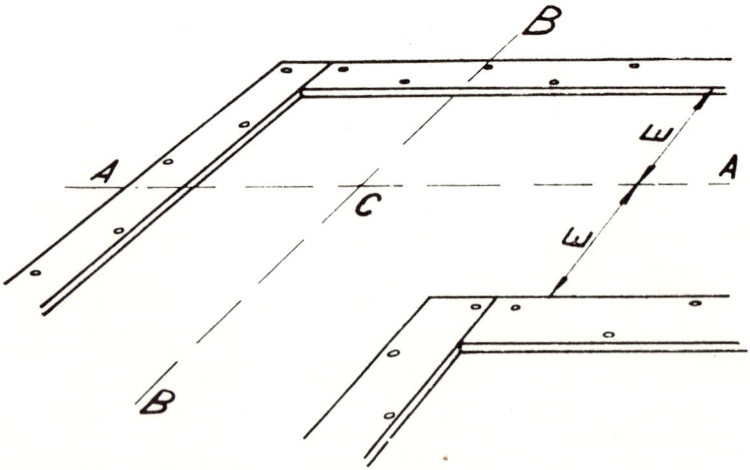

Figura 79

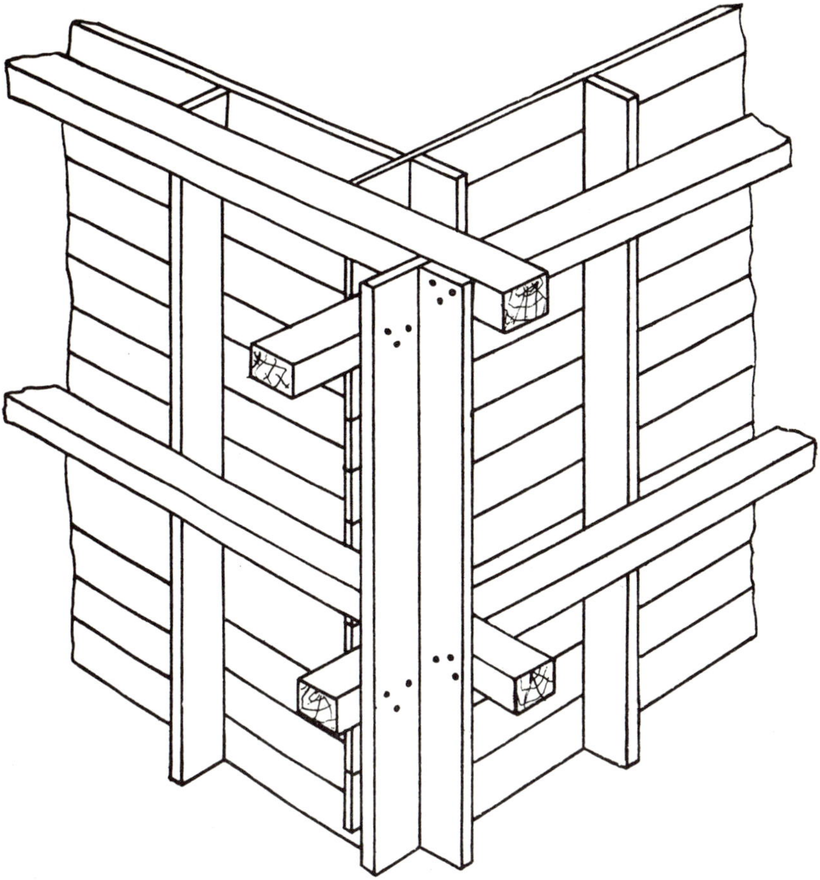

Figura 80

correspondiente, ya que hay que tener en cuenta el grueso de las tablas de encofrado y las costillas que también se apoyan en las carcelillas. Trazando, pues, las dos líneas separadas del eje en esa cantidad **E,** tendremos replanteada completamente la esquina del muro.

EJECUCION

Por lo general, uno de los tableros sólo llega hasta la esquina. En cambio, el otro se prolonga más allá en una cantidad que corresponde a una costilla. La disposición de estas costillas se muestra en la figura 80. En ella se ve cómo la costilla que sobresale va colocada a una distancia de un ancho de costilla del borde, como una prolongación del otro tablero más corto. En cambio, este tablero tiene su costilla en la esquina misma, como «añadida» al tablero mayor.

Como se ve en la figura 80, las carreras continúan más allá de la esquina. Esto es necesario para poder colocar las tablas de refuerzo o de aguante de esquina, las cuales van clavadas a la carrera correspondiente.

El atirantado de las dos paredes que constituyen la esquina no ofrece dificultades, ya que se efectúa como si se tratase de muros independientes, realizando la operación de la misma manera que ya hemos descrito.

También se aplica aquí cuanto dijimos acerca de los elementos de seguridad y refuerzo, tales como costillas, carreras, tornapuntas, etc.

Si sobre el muro se apoya la losa del suelo de piso, el tablero que queda al interior tiene que ser más bajo que el exterior. Las costillas se cortarán a una altura que será la del techo disminuida en un grueso de tabla, que es el correspondiente a la tabla de encofrado de piso.

HORMIGONADO DE MURO Y SUELO

En muchas ocasiones es necesario hormigonar el muro y el suelo de continuo, es decir, sin solución de continuidad. Para ello, el tablero interior tendrá que levantarse del suelo la altura correspondiente a la losa del piso. Esto suele suceder en depósitos y otros elementos de obra que exijan una continuidad en la masa de hormigón.

Para separar el tablero interior del fondo del suelo se colocan unos tacos de madera de la altura deseada. Mucho mejor que estos tacos de madera (los cuales sólo se deben emplear cuando no dispongamos de otra cosa) son unas piezas de hierro sobre las cuales se apoya el tablero.

Estos zancos, como es natural, quedarán embebidos en la masa de hormigón, por lo que no irán excesivamente sujetos a los encofrados. Si se sujetasen excesivamente impedirían la operación de desencofrado, teniendo incluso que estropear madera al forzarla.

En la figura 81 vemos una forma bastante cómoda de colocar estos soportes, también llamados **zancos.** Como puede verse, se colocan alternativamente en las costillas, lo que es más que suficiente para soportar con seguridad al encofrado. Van clavados a aquéllas con clavos doblados, abrazándolos, y a manera de tope, para que el tablero no se deslice por los redondos, se clavan en lugar conveniente, para que la altura del fondo del tablero sea la deseada, es decir, igual al grueso de la loza del suelo, unos tacos de madera que impiden todo descenso.

Si se da el caso de que el tablero interior no se puede apoyar y afianzar sobre la carcelilla correspondiente, hay que poner unos montantes por delante de las carreras, acodaladas por la cabeza y el pie.

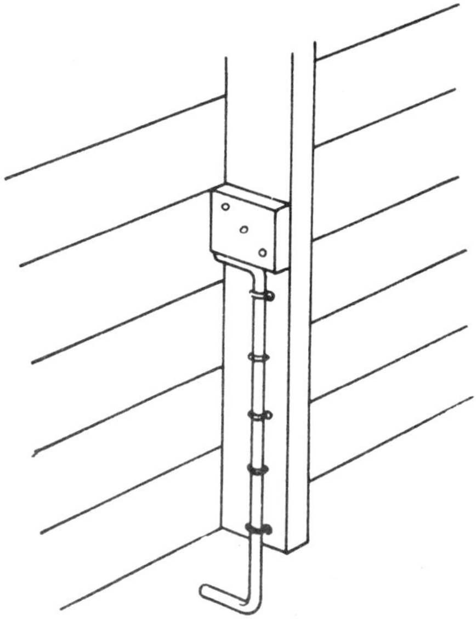

Figura 81

SOLUCIONES DE CONTINUIDAD EN EL HORMIGONADO: HUECOS

Puede suceder que el paramento del muro a encofrar no sea continuo, cerrado, sino que presente alguna abertura, tal como una ventana, puerta, etc. En este caso, naturalmente, hay que tener en cuenta que también los huecos, hay que utilizar tableros estos «huecos» deben preverse en los encofrados.

Así como el muro o pared se encofraba colocando las costillas, luego tabla a tabla, en el caso de encofrar los huecos, hay que utilizar tableros ya preparados en el taller, con las medidas justas, de modo que tan sólo se procederá a su colocación.

Estos tableros, como han de sufrir empujes de cierta importancia, debidos a la masa de hormigón, deberán ir embarrotados como un tablero cualquiera.

TALLER

Las medidas de esta clase de moldes deberán tomarse con extremo cuidado, ya que habrá que tener presente que estos encofrados son para obtener «huecos» y por lo tanto las medidas exteriores del tablero serán las que se produzcan en la obra una vez hormigonadas.

Estas dimensiones, pueden variar muy ligeramente, según dispongamos en obra los tableros del molde. En la figura 82 vemos que el tablero de arriba (dintel, si se trata del molde para una puerta) se apoya en los dos laterales (jambas). Esta manera de encofrar dificulta algo el posterior desencofrado de la pieza. Mejor para desencofrar es la manera de clavar el tablero correspondiente al dintel que se muestra en la figura 83, y que se obtiene al clavar uno de los extremos a la cabeza del tablero de la jamba y lateralmente al otro. De esta forma, se pueden retirar los encofrados más fácilmente.

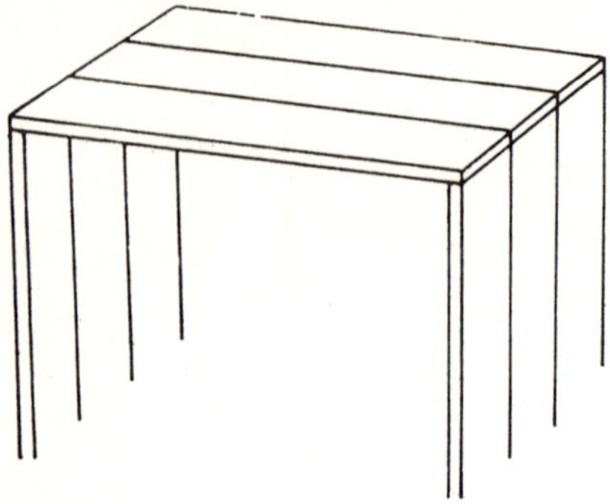

Figura 82

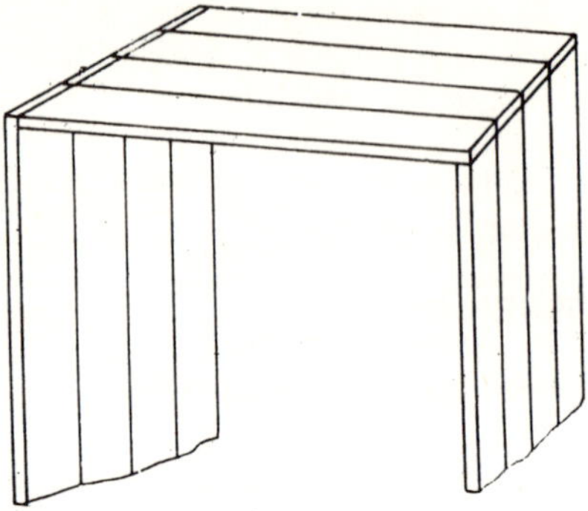

Figura 83

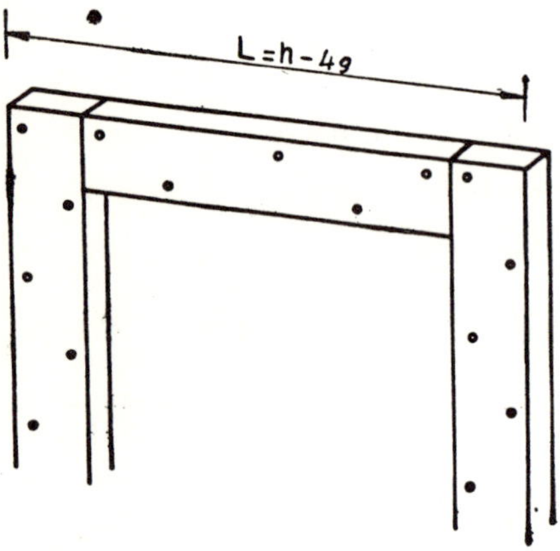

Figura 84

REPLANTEO

Colocado ya el tablero interior del encofrado del muro, se procede sobre él al replanteo del hueco que nos interesa obtener. En este replanteo hay que tener también en cuenta, como sucedía con el muro, que tendremos que situar las tablas de aguante o carcelillas de manera que encajando los tableros de encofrado del hueco queden éstos en su lugar exacto. Por tanto, estas carcelillas se clavarán a una distancia entre sus bordes exteriores que será la del hueco a obtener disminuida en dos gruesos de tabla, correspondiente a los tableros del molde y disminuida también por otros dos gruesos más, correspondientes al embarrotado de dichos tableros. En la figura 84 vemos una carcelilla con las dimensiones indicadas.

PUESTO EN OBRA

Una vez clavadas las tablas de las carcelillas, procederemos al encaje del molde que va a determinar el hueco de puerta, ventana, etc. Los tableros del molde, que han sido ejecutados totalmente en el taller, se irán

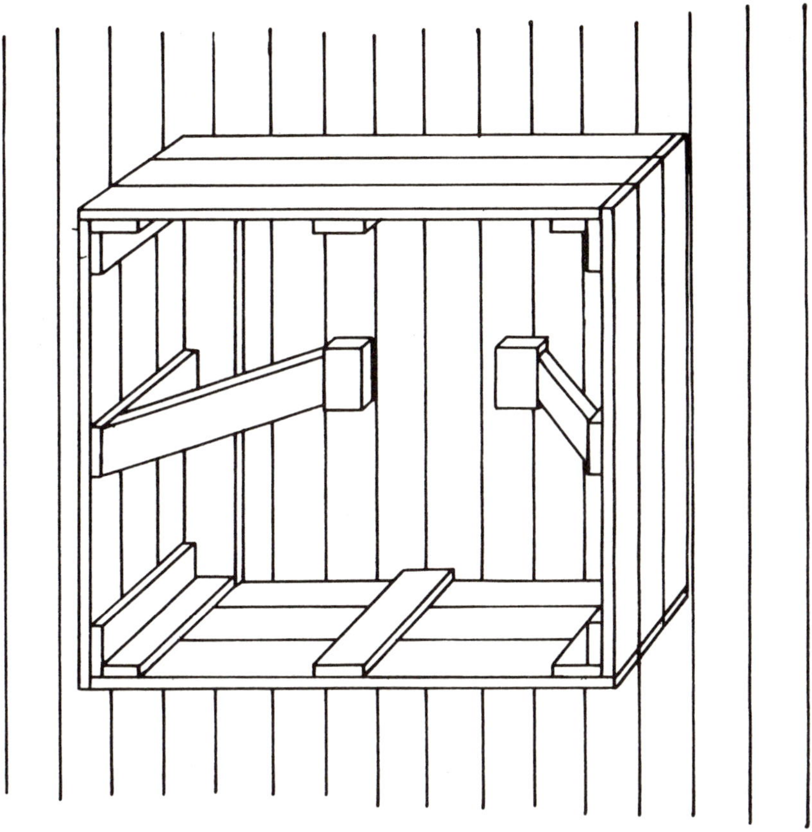

Figura 85

introduciendo junto a las tablas de aguante correspondientes, para lo cual se habrá tenido presente clavar los codales separados un grueso de tabla del borde interior, para que no coincidan con las tablas de las carcelillas.

Efectuado el encaje de los tableros, se procede a colocar los refuerzos, tales como jabalcones, para resistir el empuje de la masa de hormigón.

Una vez terminado todo esto, ya estará listo el molde del hueco para recibir el tablero correspondiente al encofrado exterior del muro.

Para mayor claridad de todo lo expuesto, puede estudiarse la figura 85, que representa el encofrado de un hueco de ventana.

VIII

ENCOFRADOS PARA SUELOS DE PLANTAS

DIFERENTES CLASES DE SUELOS

Los suelos que constituyen las diferentes plantas de un edificio pueden ser de muy diversa naturaleza, y son muy variadas las formas de obtenerlo. Así podemos construir un suelo con una losa armada sencilla apoyada sobre pilares y vigas, o sobre muros de fábrica, etc. Un suelo de este tipo, lo podemos ver en la figura 86, cuya mitad derecha lleva la losa apoyada sobre vigas de hormigón y la otra mitad izquierda, sobre muros de fábrica de ladrillo.

Otra clase de suelo puede estar formada por una losa maciza, como la anterior, pero en forma de bovedilla, la cual puede tener toda ella el mismo espesor o puede ser más gruesa en las entregas (figuras 87 y 88).

Otra clase de suelo es la que representamos en la figura 89, constituido por losas con nervios o vigas en T. Este tipo de suelo se puede, a su vez, dividir en suelos nervados sin cuerpo de relleno, que es el que representamos en la citada figura 89, y suelos nervados con cuerpos de relleno, que

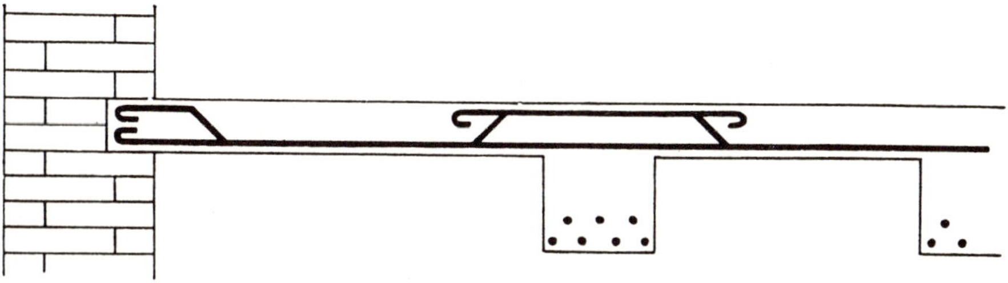

Figura 86

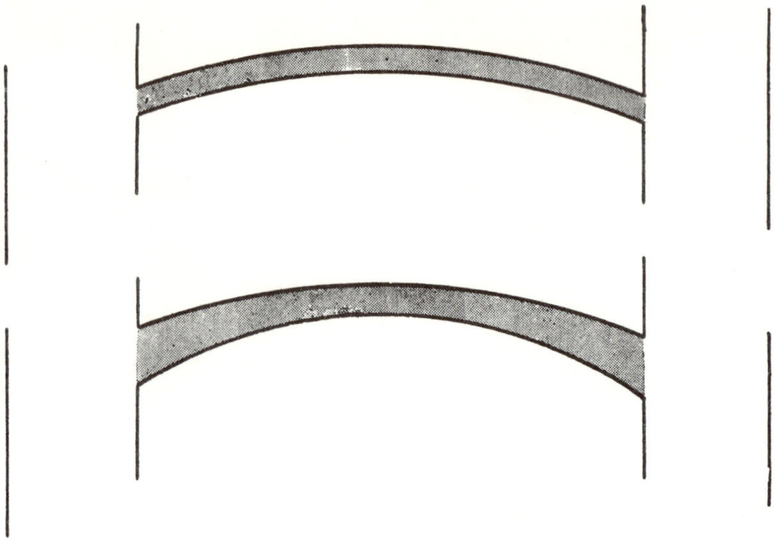

Figuras 87 y 88

Figura 89

Figura 90

mostramos en la figura 90. Este relleno suele estar constituido por piezas cerámicas, tales como ladrillos corrientes, piezas aligeradas de formas muy diversas, bloques huecos prefabricados con materiales de poco peso, tal como el yeso, carbonilla, hormigón de piedra pómez, etc.

Otra clase de suelos e sla de ladrillo armado, que puede tener o no una capa de compresión de hormigón. En esta clase de suelos, los ladrillos «cargan» con las fatigas de compresión. Como su nombre indica, lleva unas armaduras para formar los nervios cerámicos.

Otra clase de suelos es la de ladrillo armado, que puede tener o no bricadas fuera de la obra, en taller. Con ello se ahorra buena cantidad de madera en el encofrado, aunque, claro está, tienen el inconveniente del traslado, la elevación y la colocación en obra, operaciones todas harto engorrosas. Indudablemente, la vigilancia en la buena marcha del hormigonado, es mayor que en cualquier otra clase de obra. Otro inconveniente suele ser el peso de estas piezas, el peligro de roturas, etc. (1).

Como puede apreciarse por todo lo expuesto, es muy necesario que el oficial encofrador conozca perfectamente la clase de suelo que se le encomienda encofrar, pues según se trate de uno u otro, así tendrá que operar en consecuencia. En unos casos tendrá que encofrar absolutamente toda la superficie del suelo, en otros tendrá que encofrar parcialmente, en tramos, etc. Según los materiales a emplear en el relleno, o en la losa, así tendrá luego que tener presente para proceder a colocar un encofrado más o menos resistente, con apeos muy tupidos o más separados. Por lo tanto, es muy conveniente que tenga ideas muy concretas acerca de los pesos de los diversos materiales que van a entrar a formar parte de los suelos que le han encomendado encofrar. En todo caso, nunca estará de más que lleve unas ligeras notas acerca del peso por metro cuadrado de los diferentes materiales más usuales, y que puede encontrar en cualquier libro de construcción.

SUELOS DE LOSAS DE HORMIGON ARMADO

El encofrado de este tipo de losas, apoyadas en muros de hormigón, mampostería o fábrica de ladrillo, o bien en vigas sobre pilares, es sencillo. Bastará con tableros corrientes sobre los cuales se situarán las armaduras, recalzadas con cuadradillos de hormigón prefabricados y otros elementos que luego quedarán embutidos en la obra, por lo que se prescribe que sean tacos de madera.

(1) Si el lector desea una información más amplia sobre este tema puede consultar la monografía n.° 18 de esta colección, titulada **FORJADOS Y ENTRAMADOS DE PISO.**

Se debe tener siempre presente que esta clase de losas tiene un peso considerable, por lo que debemos asegurar el sistema de encofrado mediante un buen apeo.

SUELOS DE LOSAS MACIZAS ABOVEDADAS

Este tipo de suelos no suele ser muy corriente, por lo engorroso que resulta su encofrado. La principal dificultad estriba, naturalmente, en darle la adecuada forma. Es más corriente esta forma abovedada en cubiertas sobre todo de grandes edificaciones, almacenes, tinglados, etc., por lo que remitimos al lector al capítulo que, más adelante, trata de CUBIERTAS.

LOSAS CON NERVIOS O VIGAS EN T

Como su nombre indica, estas losas pierden su solución de continuidad en las vigas que forman en realidad sus elementos resistente. Se pueden encofrar primero las vigas y después adosarles los tableros de las losas del suelo, o construir totalmente el encofrado de una sola vez. Esto no tiene más importancia que variar el sistema de apoyo del encofrado de losa. En el primer caso, las carreras de las vigas estarán ya montadas y habrá que contar con ellas al montar el tablero de la losa. En el segúndo caso, no.

Estas carreras se colocan para que en ellas se apoyen los extremos de los barrotes del tablero de la losa. Como puede comprenderse, deben soportar la mayor parte del peso de la losa.

Para descargar del peso que reciben los encofrados de las vigas y sus puntales, se suelen colocar unos tableros a modo de viguetas, en el mismo sentido de las carreras, que van colocadas a una distancia de unos 0,80 a 1,20 m, aproximadamente, variando esta distancia, como es natural, en función del peso que deben soportar.

Cuando se tiene necesidad de obtener viguetas de cierta longitud, se deben empalmar éstas, pero teniendo la precaución de que se verifique esa unión a testa y siempre sobre un puntal.

PUESTA EN OBRAS

Como veníamos diciendo, en primer lugar se colocarán las carreras adosadas a los encofrados de las vigas y seguidamente las viguetas, si hay necesidad de ellas. Una vez efectuado todo ello, se colocarán las costillas del tablero, que van de canto. Las dos costillas primera y última del encofrado de losa, van clavadas a las vigas, por lo que reciben el nombre de **costillas de carrera.** Irán, pues, como decimos, clavadas a los barrotes del tablero lateral de los encofrados de las vigas.

Estas costillas suelen situarse a distancias pequeñas, de unos 50 cm, aproximadamente, ya que el peso de la losa, como venimos repitiendo, suele ser de consideración.

Si hubiera necesidad de empalmar costillas, se efectuaría este empalme sobre una de las viguetas, nunca entre el vano que queda entre dos de ellas.

Las costillas se fijan a los tableros laterales de los encofrados de las vigas, pudiendo hacerse desde fuera, clavando los clavos inclinados, o clavarlos por dentro del encofrado de la viga. Según se use una forma u otra de clavado, así habrá de procederse también de forma diferente a la hora de desencofrar. Si los clavos fueron clavados por fuera, al desencofrar es fundamental quitar primero esos clavos para poder desprender la costilla correspondiente. Si fue clavada la costilla desde el interior del encofrado de la viga, para sacar al desencofrar, basta con tirar de ella en el sentido

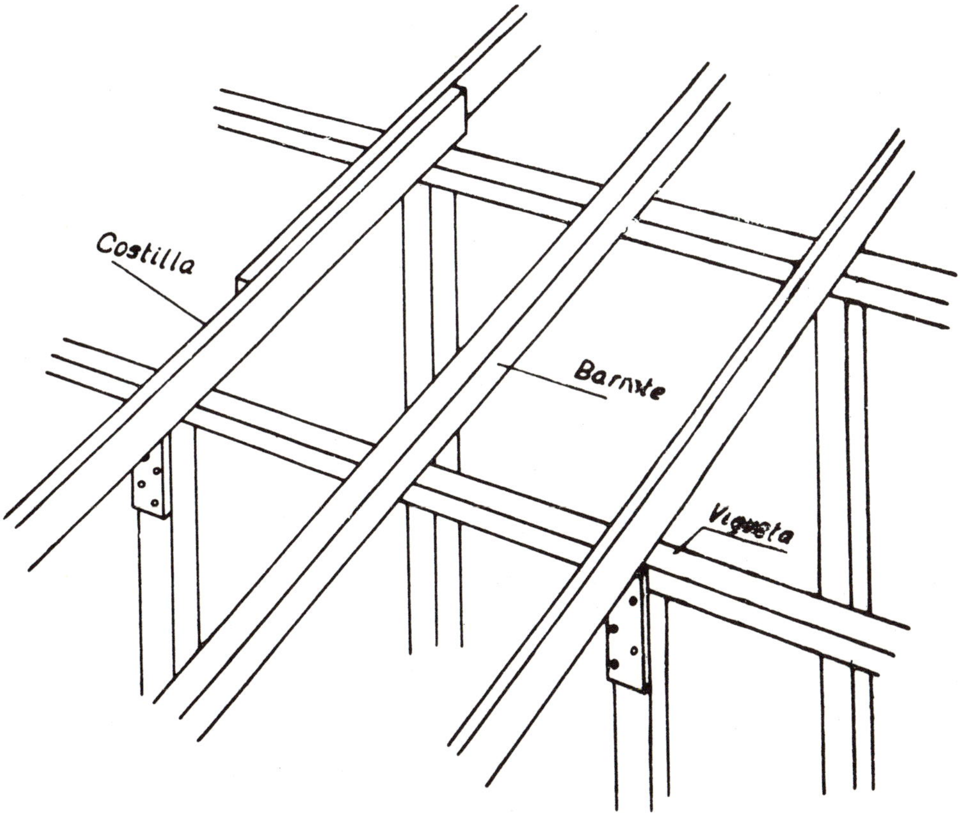

Figura 91

perpendicular a la viga, y quedará arrancada del clavo que la unía al encofrado de aquélla.

Ya tenemos, pues, las costillas dispuestas. Se procederá a la puesta de las tablas del tablero. Previamente habrán sido cortadas estas tablas a su justa medida. Comenzaremos por colocar las dos tablas extremas, perfectamente normales a las costillas, las cuales nos servirán de guía. Estas dos tablas extremas se clavarán con clavos gruesos. El resto de las tablas no necesitan una gran clavazón. Cuando se vaya hormigonando, quedarán perfectamente adheridas a las costillas.

Es fundamental, como decíamos, que las tablas estén cortadas en su justa medida, ya que deben quedar enrasadas con los bordes superiores de los tableros laterales del encofrado de las vigas sobre las que se apoya la losa de hormigón.

En la figura 91, para mejor comprensión del lector de todo lo expuesto, se muestran las disposiciones de viguetas, costillas, etc., de un encofrado de losa. Hemos suprimido el tablero para poder apreciar mejor cada una de aquellas piezas.

TABLAS CORTAS

Como es natural, no siempre se dispondrá del número suficiente de tablas con la adecuada medida para poder ser puestas en obra. Frecuentemente sucederá que tendremos que empalmar algunas tablas para conseguir la longitud deseada. No hay inconveniente en ello, siempre que esta unión de dos tablas se haga de forma que sus testas estén bien unidas y que esta unión se haga sobre una costilla, nunca en el vano entre éstas.

Como este empalme de las tablas cortas, será, tal vez, frecuente en un mismo tablero, es muy conveniente alternar estas uniones, es decir, procurar que no caigan sobre una misma línea, la formada por la costilla, sino que es mucho mejor que estén formando un escalón.

APOYO DE LOS ENCOFRADOS DE LOSAS

En la figura 92 se muestra la forma en que los encofrados de la losa llega hasta el borde exterior de pilares y vigas, pero no se asienta sobre los encofrados de éstos. Es, pues, un arranque lateral de estos tableros el que se dispone. Lo mismo sucedería en el caso en que la losa se apoyara en muros de hormigón o fábrica. No descansaría sobre aquél, sino que el tablero iría adosado al de aquél.

Esta unión lateral debe cuidarse en extremo, ya que si se hace de un modo defectuoso, por la ranura que quedase se colaría el hormigón, con las consiguientes consecuencias, tanto en la bondad del hormigón a obtener como en el perfecto acabado de la obra.

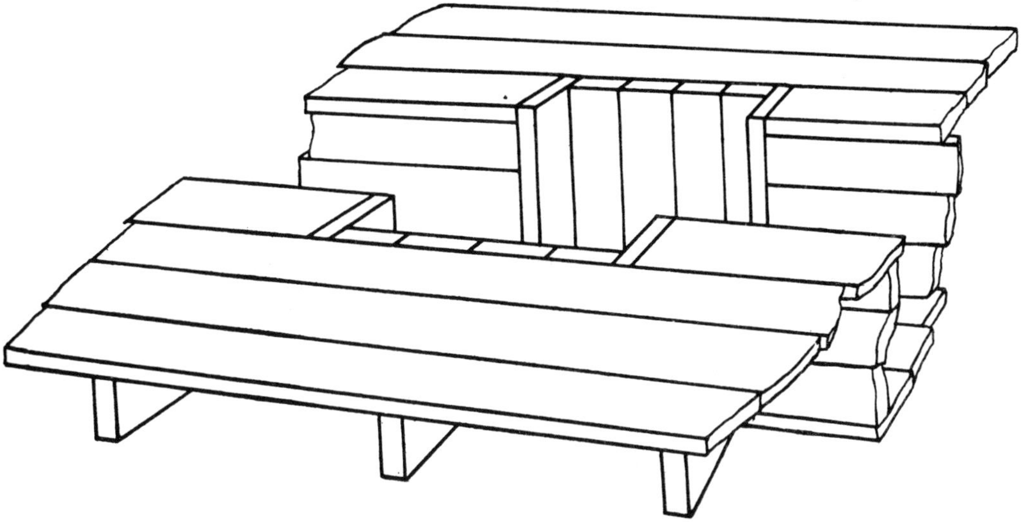

Figura 92

APUNTALAMIENTO

Para apear los encofrados de las losas de hormigón, se utilizan idénticos puntales que para los de las vigas, ya descritos. Son, pues, rollizos con diámetro alrededor de los 10 cm, lo más derechos posibles. Si hay que empalmar dos trozos para conseguir la altura deseada, se tomarán las medidas ya descritas en el capítulo de encofrados de vigas.

Los puntales no sostienen directamente el encofrado de la losa, sino que lo hacen a través de las viguetas. Para ello, en las cabezas de los puntales se dispone un trozo de tabla, de 30 a 40 cm de longitud, las cuales se clavan a aquéllos. Se debe colocar un puntal cada metro o metro y medio, lo cual depende, naturalmente, del peso de la losa que debe soportar. Se puede, incluso, calcular, como hicimos ya anteriormente, el número de puntales a disponer en un encofrado, conociendo las cargas que deben soportar, ya que sabremos el tipo de losa que se va a colocar en obra y, por lo tanto, su peso propio, al cual habrá que añadir las otras cargas, tales como el peso del tablero, viguetas, costillas, etc., más el que se produzca durante el hormigonado (hombres, carretillas, etc.).

Los puntales no deben cortarse a la medida exacta, es decir, teniendo como base la del suelo y como altura la que hay hasta la vigueta sobre la cual empuja la brida. Esta medida se tomará algo menor, para proceder al acuñado de los puntales, labor ésta que luego facilita el desencofrado.

29 - 51 - 9

Las bridas de los puntales se clavan a las viguetas antes de quedar el puntal con sus cuñas.

RIOSTRAS

Se pondrán cruces de San Andrés, para evitar que los puntales pandeen en cualquier dirección. Se utilizan tablas. Para mayor seguridad, este arriostramiento se dispondrá de forma que queden unidos, por las cruces de San Andrés, los puntales en dos direcciones perpendiculares, es decir, en dos filas de distinto sentido.

TRABAJO DE DESENCOFRADO

Es muy conveniente que esta labor, que es más delicada de lo que aparentemente parece, puesto que de ella depende el buen uso y conservación de la madera, capítulo no despreciable en el costo de una obra, la realicen los mismos operarios que efectuaron el encofrado. El que encofra y tiene luego la misión de desencofrado ya procurará disponer aquél de manera que no le reporte problemas a la hora de efectuar éste.

La primera operación es la de quitar las cuñas de los puntales, quitar éstos y después las viguetas. Estas saldrán perfectamente después de retirar las carreras de tabla que llevan los encofrados de las vigas y sobre las cuales se opoyan las viguetas. Quitadas éstas, se procede a continuación a la retirada de las costillas y después la de las tablas del encofrado de la losa.

Durante todas estas operaciones, se habrán ido quitando los clavos de la clavazón antigua, los cuales se van amontonando, ya que muchos de ellos podrán ser utilizados de nuevo, bien conforme se van sacando o enderezándolos, operación ésta que corre a cargo de un aprendiz.

La limpieza de las tablas antes de su almacenaje de nuevo, es operación que no debe olvidarse. No hay que olvidar que el hormigón que queda en las tablas se irá endureciendo a medida que pasa el tiempo y que para ello, cuanto antes se desprenda de las tablas, tanto más fácil será el trabajo.

FORJADOS DE HORMIGON

Se llaman forjados de hormigón armado a un sistema formado por viguetas de hierro de doble T y losas de hormigón cubriendo los huecos formados por aquéllas, que van colocadas paralelamente a una distancia de 0,80 a 1 m. Las losas de hormigón armado se apoyan en las alas inferiores de la doble T. Las viguetas son las encargadas de soportar las cargas del suelo.

FORMAS DE ENCOFRAR

Las losas que constituyen el suelo tienen en este caso poco espesor: unos 8 cm, por lo que su peso es bastante ligero. Por ello no es difícil ver obras de este tipo en que el encofrado de las losas va suspendido de las mismas viguetas, ahorrándose una buena cantidad de madera de apeos, arriostramientos, etc. Dos son, pues, las formas de encofrar un suelo forjado de hormigón armado: con encofrado que se apoya en el suelo inferior, tal como hemos visto anteriormente, y con encofrado colgado de las propias viguetas.

En el primer caso, se opera tal y como ya se ha explicado anteriormente, teniendo aquí la precaución de situar los tableros dos o tres centímetros por debajo del ala inferior de la vigueta con objeto de darle a ésta una protección de hormigón contra el peor enemigo de ella: la herrumbre. De esta forma, además, las viguetas quedan dentro del cuerpo de hormigón, consiguiéndose cielos rasos lisos y uniformes.

Para encofrar un forjado suspendiendo los tableros de las viguetas de hierro, la operación es algo más complicada.

Nos hará falta montar un caballete en el centro de lo que va a ser forjado, y apoyándose en él y en los tableros laterales del encofrado de muros o las carreras de los tableros laterales de las vigas, y en dirección normal a las viguetas, iremos colocando los listones sobre los cuales se apoyarán las tablas. Estos listones, que se colocan perpendicularmente a las tablas y a unas distancias entre sí de unos 60 cm, se suspenden mediante tirantes de alambre, mientras que por los extremos se van apoyando en el caballete, por un lado, y en las carreras de los laterales de vigas o de encofrados de muros, por el otro.

Después de haber dispuesto el enlistonado, y para «base de operaciones», se montan ya algunas tablas del encofrado, desde donde puedan trabajar más seguros y mejor apoyados los encofradores. Puede procederse después a colocar debajo de cada vigueta y ya debidamente atirantada, una tabla, con lo que tendremos un sistema de tablas atirantadas en su debida posición para servirnos de guía en el resto. Para llevar los listones y tablas a su posición final, bastará con ir acuñando los tirantes de alambres en los que van suspendidos aquéllos.

En la figura 93 se muestra un encofrado para un forjado de hormigón armado.

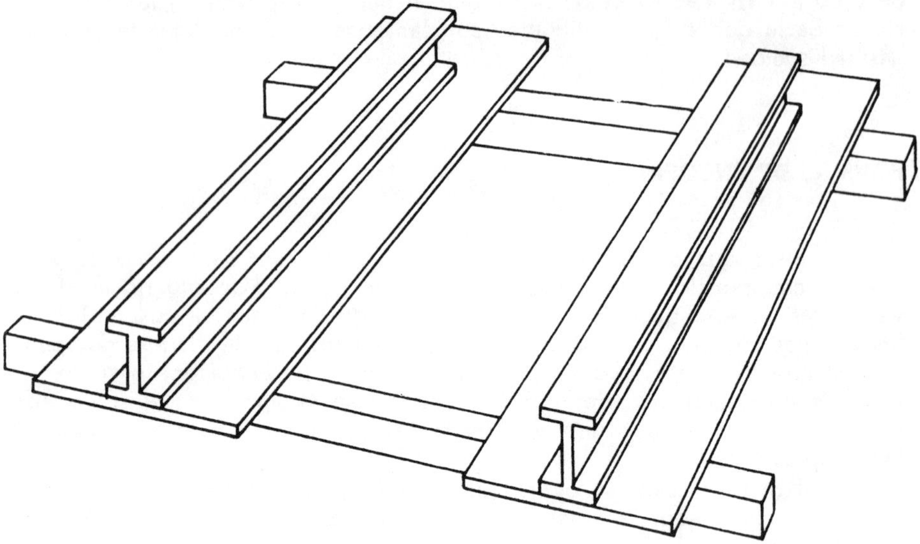

Figura 93

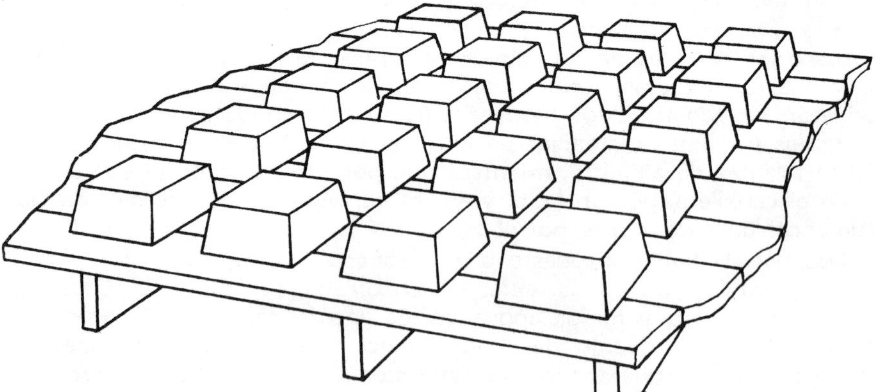

Figura 94

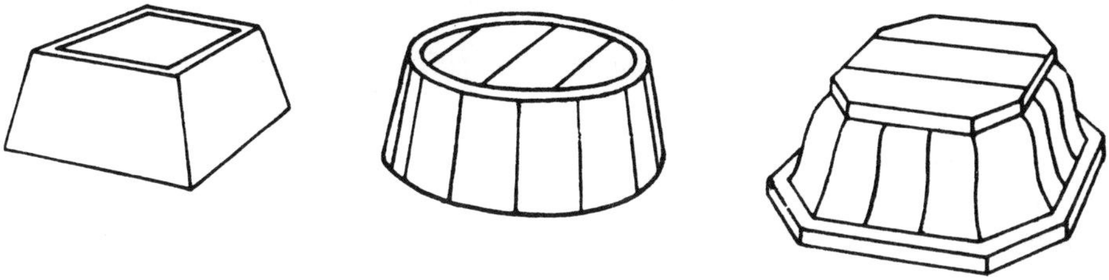

Figura 95

TECHOS ARTESONADOS

Cuando un techo se apoya en vigas en dos o más direcciones que se entrecruzan, obtenemos el techo casetado. Su encofrado, si se hiciese siguiendo los procedimientos anteriormente descritos, o sea, a base de encofrar cada viga separadamente y recortar las tablas en cada encuentro, el trabajo sería ímprobo y los desperdicios excesivos. Por lo que es aconsejable partir de otro principio: se considera el techo como una losa apoyada por todos sus contornos y aligerada por los casetones o artesones.

Considerado así, el encofrado de esta clase de techos resulta sumamente fácil: basta construir un tablero liso, como para una losa, convenientemente apeado. Sobre este tablero se clavan los moldes de los casetones, previamente montados en taller (figura 94).

CASETONES

Los casetones pueden tener las formas más complicadas, desde simples paralelepípedos a cilindros o troncos de cono o de pirámide y hemisferios (figura 95). La única preocupación a tener en cuenta en el molde, es la de no hacer completamente verticales las paredes laterales del molde a fin de facilitar su extracción en el desencofrado (figura 96).

Al montarse el encofrado, los moldes de los casetones se colocarán bien alineados, valiéndose para ello de cordeles. Lo mejor es dibujar los

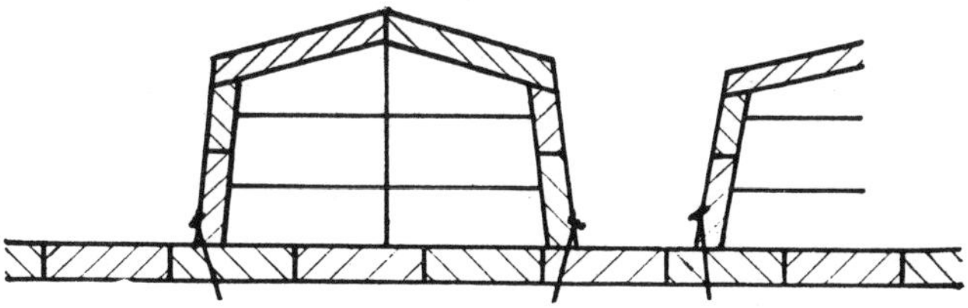

Figura 96

bordes de las vigas que se cruzan en el tablero, y clavar los casetones en su sitio lo más exactamente posible. Las puntas se clavarán lo menos inclinadas que se pueda, para que al desencofrar se desprendan más fácilmente del tablero.

OTROS TIPOS DE SUELOS

Suelos con nervios y relleno

Se trata de un sistema de nervios o viguetas armadas, con separaciones entre sí de unos 70 cm. El espacio que queda entre estas viguetas se ocupa con elementos ya prefabricados que no hay más que ir colocando sobre el encofrado, de manera que dejen el hueco donde se va a hormigonar los nervios. Estos elementos prefabricados suelen ser piezas cerámicas de muy diversas formas, muy aligeradas, ya que no constituyen la parte resistente del suelo, sino precisamente la carga que han de soportar las viguetas o nervios, ladrillo, piezas fabricadas con materiales de poco peso, etc.

El encofrado para este tipo de suelo es un tablero sencillo, como el que ya hemos descrito en suelos de losa de hormigón armado, y a él remitimos al lector.

Cubriendo las piezas de relleno, se extiende una capa, llamada capa de compresión, de unos 4 a 6 cm.

Suelos de ladrillo armado

En este tipo de suelos, las viguetas no son de hormigón armado, sino de ladrillo o piezas cerámicas adecuadas. Por un hueco de estas piezas, expresamente hecho para este fin, pasa la armadura calculada para resistir los esfuerzos de tracción que se presentan en las losas, mientras los esfuerzos de compresión corren a cargo de las piezas o ladrillos y de una capa de compresión que los recubre, construida por una losa de unos 5 cm de hormigón. Entre las viguetas así formadas por los ladrillos y las armaduras, se colocan piezas cerámicas adecuadas y que ya presentan en su parte inferior unos rebajes o retallos, según el tipo de piezas empleado en la construcción de las viguetas, para que su apoyo sobre éstas sea perfecto.

Este tipo de suelos no necesita encofrado, sino simplemente algunos apeos. Para ello bastará con que el lector repase la parte de arriostramiento ya citada en alguno de los casos anteriores.

Suelos con viguetas prefabricadas

Este tipo de suelos suele ser muy corriente en la construcción moderna, por la rapidez de su montaje, ya que, además, no se pierde tiempo en el fraguado de las piezas de hormigón que lo constituyen, ya que esto se ha efectuado ya fuera de obra.

Está constituido por unos nervios de hormigón armado, previamente tensado o no (viguetas de hormigón pretensado, cuyas armaduras han sido tensadas en taller, lo que permite mayor economía de hierro y mejor trabajo en obra), que se encuentran en el mercado (hay actualmente muchas industrias dedicadas a tal fin, fabricándose distintos modelos de viguetas) y que se van sencillamente colocando en obra a distancia entre 50 y 70 cm y se cubren los huecos con piezas cerámicas o de otra índole también prefabricadas. Como puede verse, es un sistema rápido y económico. No se necesita encofrado para el mismo.

IX
ENCOFRADOS DE ESCALERAS

ENCOFRADOS DE ESCALERAS

Tal vez sean las escaleras los elementos de obra donde el encofrador encontrará más dificultades, ya que existe cierta complejidad de formas y en los proyectos de edificación nada se prevé a tal caso. Será, pues, el mismo encofrador el que ante un sencillo plano de una escalera, con sólo las dimensiones que debe tener la obra terminada, sin más detalles acerca de la misma, quien «ingenie» la forma más adecuada para obtener un buen molde que satisfaga las necesidades de la obra. Será él, precisamente, quien proyecte el encofrado, lo prepare y lo disponga en obra, con sencillez, economía y fácil ejecución.

Naturalmente, no todas las escaleras encierran la misma dificultad de encofrado. Las hay desde muy sencillas, hasta muy complicadas, recorriendo toda la gama entre una y otra. Así, las escaleras de un solo tramo recto, para dar acceso a sólo dos alturas diferentes, sin ningún quiebro, tal como se representa en la figura 98, es sencilla de encofrar. En cambio, una escalera de tramo curvo, con escalones compensados, etc., es más complicada.

Para una mejor descripción, recorreremos toda la gama de los diferentes tipos de escaleras.

Clasificación

Los dividiremos en dos grandes grupos: escaleras rectas o de tramos rectos y escaleras curvas. Si el lector encontrase el problema, muy poco probable, de tener que encofrar una escalera mixta, compuesta de tramos rectos y curvos, bastaría reducir cada tramo, por separado, a los dos casos en que aquí dividimos este capítulo.

Las escaleras pueden ir montadas, apoyadas sobre muros por ambos costados, en cuyo caso el encofrado se limita a la formación de **contrahuellas** o **alzas**; apoyadas en un muro por uno de sus lados, y entonces,

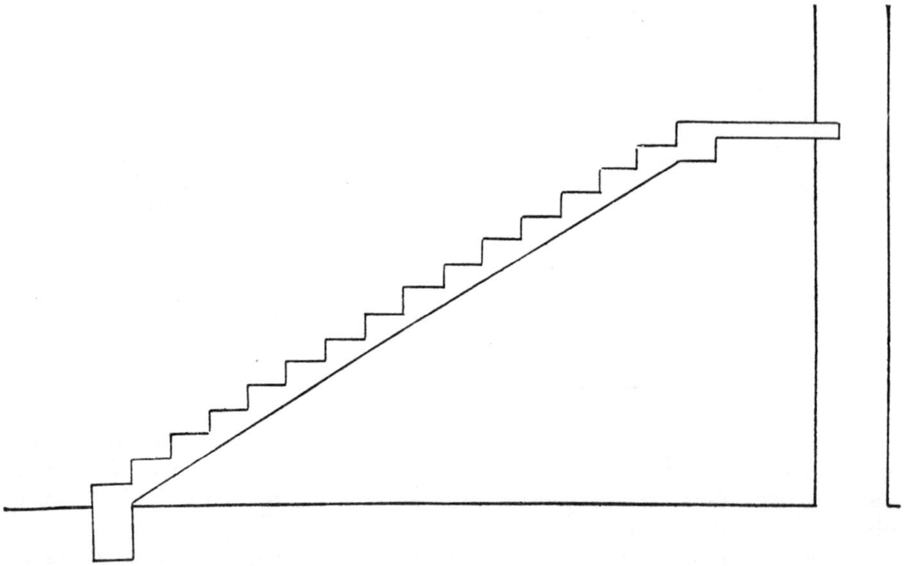

Figura 97

por el otro lado libre, deberá llevar un tablero llamado de zanca, para poder fijar sobre él los tableros de contrahuellas; y escaleras montadas al aire, es decir, sin apoyo alguno, en el cual deberá llevar dos tableros laterales o de zanca.

ESCALERAS SENCILLAS DE UN TRAMO RECTO

Es el tipo de escalera más sencillo (figura 97). Lo más corriente y mejor, es construir la escalera al mismo tiempo que se levantan los muros de caja, si es que va apoyada en ellos, con lo cual los encofrados de los muros terminarán en la formación de cada peldaño y se hormigonará sin interrupción. Si la escalera se apoya sobre pilares, éstos quedan igualmente interrumpidos a la llegada de cada elemento de escalera.

Estudio previo

Como ya hemos dicho, los planos de obra normalmente nada indican acerca de la manera de encofrar una escalera, por lo que el encofrador deberá proyectar en cada caso la escalera que se le manda encofrar, comenzando por hacer un estudio de la misma.

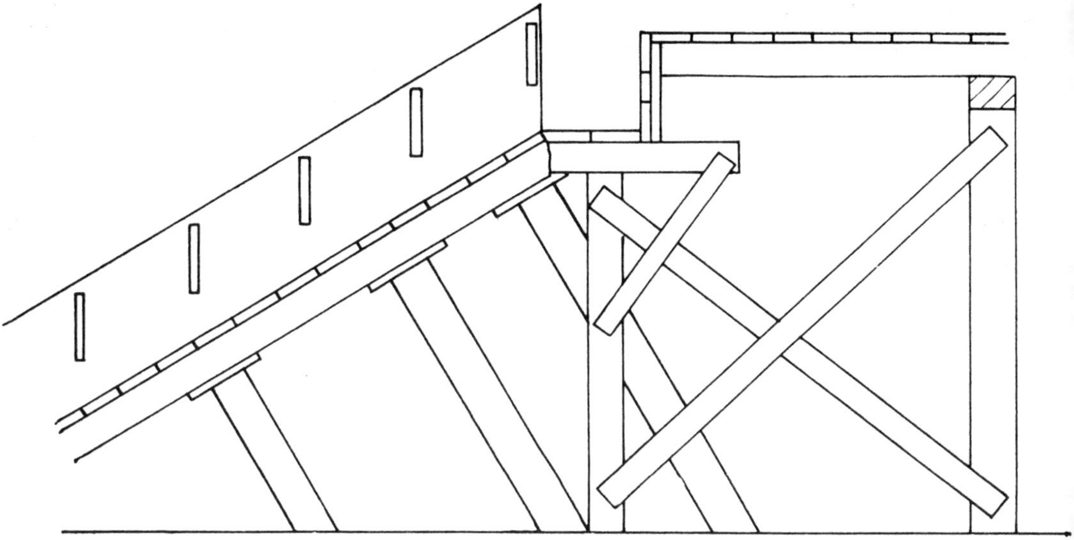

Figura 98

A la vista de los planos del proyecto del edificio, situará sobre el terreno el primer peldaño, número de éstos, características de las huellas y contrahuellas, espesor de la losa, etc.

Con todos estos datos, se traza un dibujo, o se replantea, sobre el muro o tablero lateral, con el fin de encajar sobre él tanto la altura de las contrahuellas como la longitud de las huellas. Este dibujo a tamaño natural se llama **montea.**

El trazado de las líneas que marcan las huellas y contrahuellas es sencillo, ya que se trata de líneas paralelas.

Encofrado de la losa de escalera

En una escalera sencilla de tramo recto, la losa correspondiente va inclinada, naturalmente, siendo su pendiente la que recibe el nombre de pendiente de escalera. Como suele ser corriente que tipo de escaleras no de grandes anchos, los tableros de losa, cuyas tablas se colocan a lo ancho, van embarrotados con sólo dos barrotes, los cuales descansan sobre puntales, que van también inclinados de manera que formen ángulo recto con los barrotes. En la figura 98 vemos un detalle de una losa y sus barrotes y puntales.

Las tablas de la losa no se cortarán a la medida exacta del ancho de la escalera, sino que habrá que tener en cuenta que en dicho tablero se apoyan los tableros de zanca, que limitan lateralmente el molde de la escalera, con todos sus elementos de apoyo: barrotes, tabla de aguante de pie de la zanca, y los tornapuntas. De manera que si deseamos encofrar una escalera cuyo ancho definitivo sea de 0,80 metros, el tablero de la losa tendrá una anchura total de:

Ancho de escalera	0,80 m
2 tableros para las zancas.	0,05 m
Barrotes para las zancas	0,05 m
2 tablas de aguante	0,20 m
Para disponer los tornapuntas de los tableros de las zancas	0,15 m
TOTAL	1,25 m

Presentado el tablero de la losa se procede a su apuntalamiento, que debe ponerse, como ya dijimos, en ángulo recto respecto a aquél. Si no fuese posible, los puntales deberán colocarse con alguna inclinación y, en última instancia, verticales.

Los puntales perpendiculares al tablero deben llevar en su pie un corte oblicuo, con el fin de que apoyen la mayor superficie posible en el suelo, y además colocar tras ellos una tabla clavada al suelo o asegurada a él, para impedir todo deslizamiento.

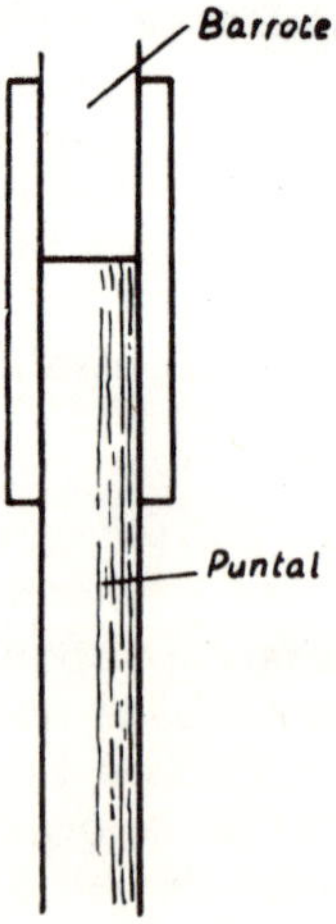

Figura 99

Por la parte superior, o cabeza, se apoyan con un corte normal contra los barrotes, y, además, con dos tablas, se hará una horquilla para abrazar a aquéllos, tal como se ve en la figura 99.

Para impedir el movimiento y la flexión en los puntales, se arriostran con tornapuntas en dos direcciones opuestas, formando las ya clásicas cruces de San Andrés.

Cuando ya tengamos bien fijado el tablero de la losa de la escalera, con sus puntales, etc., nos dispondremos a colocar y fijar los tableros de zanca, si los hay. Ya dijimos que si la escalera va entre muros, no existen estos tableros, que son los que limitan lateralmente a la escalera. Si va apoyada en un muro por un costado, por el otro llevará un tablero de zanca, y si va montada al aire, necesitará dos de estos tableros.

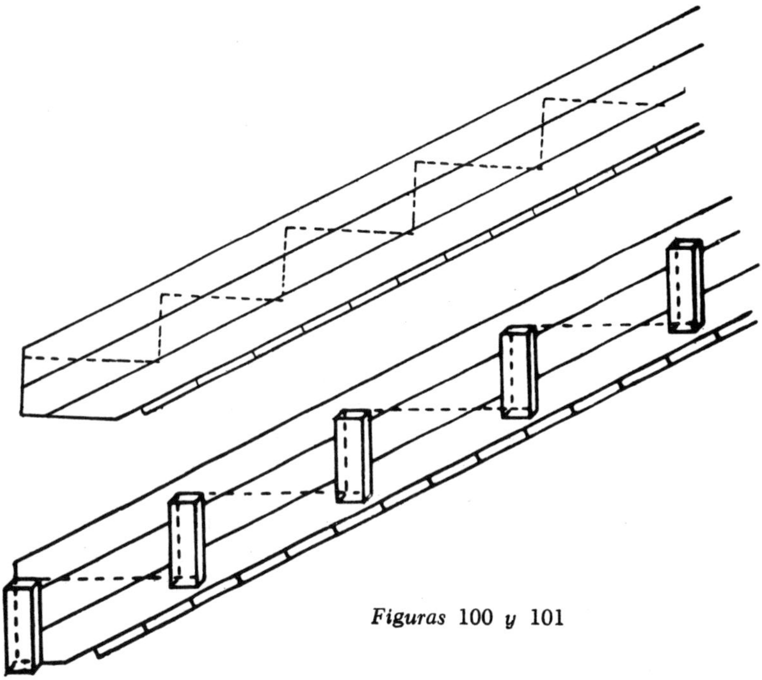

Figuras 100 *y* 101

Tablero de zanca

Este tablero lo formaremos con tablas dirigidas en el sentido de la pendiente de la escalera, tal como se muestra en la figura 100. La altura de este tablero tiene que ser la necesaria para que, apoyado sobre el tablero de la losa, sume la altura de ésta y la de las contrahuellas, más unos centímetros.

Por la parte interior, es decir, la que va a estar en contacto con el hormigón, se disponen unas bridas de tal forma que una de sus aristas quede a un grueso de tabla de la superficie vertical de la contrahuella.

De todas maneras, la distancia entre estas bridas será la de una huella, y se disponen tal y como se muestra en la figura 101. Los tableros verticales que formarán la contrahuella o alza de la escalera, se clavan a estas bridas, las cuales no es necesario cortarles a una dimensión prefijada, ya que pueden sobresalir por encima del borde superior del tablero de zanca sin que esto sea un inconveniente.

En cuanto al embarrotado exterior, se disponen unos barrotes que suelen ir normalmente a la dirección de las tablas y a unos 70 cm uno de otro.

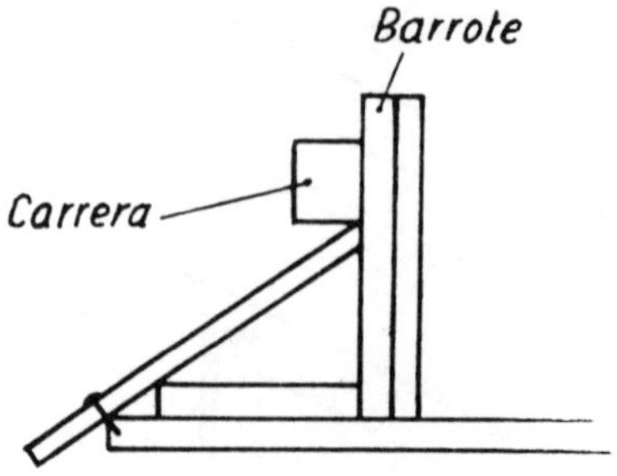

Figura 102

Tabla de pie

Para impedir que el tablero de zanca se desplace fuera de su línea exacta al recibir el empuje de la masa de hormigón, se sitúa, como ya vimos al hablar de los muros, una tabla sobre el encofrado de losa, sobre la cual apoyarán y empujarán los barrotes del tablero de zanca, impidiendo todo desplazamiento. En la figura 102 vemos la disposición de un tablero de losa con la tabla de pie del tablero de zanca.

Esto en cuanto atañe a impedir el desplazamiento inferior del tablero de zanca. Por la parte superior y para impedir que este tablero vuelque cuando el hormigón empuje, se colocan unos tornapuntas, que van clavados a la cabeza del tablero de zanca y al saliente del encofrado de la losa, que ya hemos dejado dispuesta para este fin. En la ya citada figura 102 tenemos asimismo la muestra de unos tornapuntas.

Formación de contrahuellas

Los tableros de contrahuella deben ir cortados a la medida exacta entre los dos tableros de zanca, para «cerrar» el paso a la masa de hormigón. Si la escalera no es muy ancha, bastará con que lleven un solo barrote en el centro, y a que al poner el hormigón en obra, el mismo empuje llevará los tableros de contrahuella a apoyar perfectamente contra las bridas de los tableros de zanca. Otra disposición de embarrotado de los tableros de contrahuella es la que se muestra en la figura 103, en la que pueden verse unos barrotes colocados en los extremos del tablero, o mejor dicho a una distancia de un grueso de tabla del mismo, para que puedan encajar debidamente en las bridas del tablero de zanca.

Cuando sólo tenemos un tablero de zanca y por el otro costado de la escalera existe un muro, entonces se debe disponer un tablón o tabloncillo de sobrezanca, al cual irán suspendidos los tableros de contrahuella.

Si la escalera es de una anchura considerable, al hormigonar, los tableros de contrahuella estarían expuestos al empuje de aquél, y podrían producirse flexiones, feas «barrigas» de difícil corrección, por lo que se debe colocar una tabla central con bridas y tirantes, para proporcionar a los tableros de las contrahuellas un nuevo apoyo.

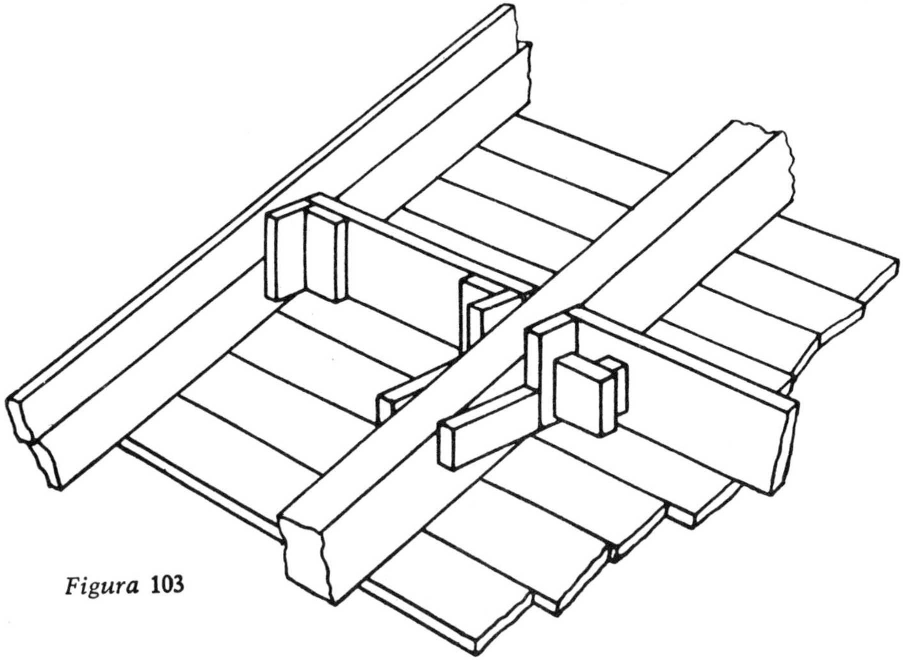

Figura 103

ESCALERAS RECTAS DE DOS O MAS TRAMOS (1)

Una escalera de dos o más tramos, también llamada **escalera de ida y vuelta,** está constituida de tramos simples, y tal como ya hemos visto en el capítulo anterior separados, por unas losas de cierta dimensión, que se llamas **rellanos, descansillos** o **mesetas.** Por tanto, una vez ya descritas las características de que se compone una escalera recta de un solo tramo, sólo destacaremos ahora las disposiciones a tomar para la formación del tablero de la losa del rellano, ya que todo tramo acabará en dicha losa o comenzará en ella.

Terminación del primer tramo

Lo que aquí describimos como terminación del primer tramo sirve también para todas las terminaciones de tramos ante la losa del rellano en una escalera de varios tramos, es decir, que se trata de «terminación del tramo inferior».

(1) Si el lector desea tener un conocimiento más amplio acerca de los elementos que constituyen una escalera, con las denominaciones más usuales de las mismas, puede consultar la monografía n.° 25 **CARPINTERIA DE TALLER,** de este mismo autor y colección.

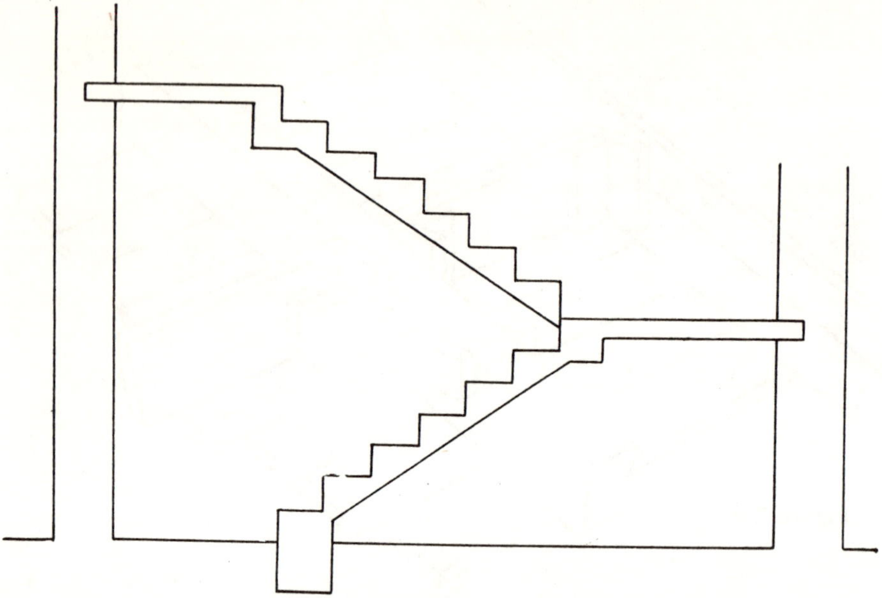

Figura 104

Como puede apreciarse en la figura 97, todo tramo termina en un elemento de apoyo o de resistencia, por lo que el último escalón está constituido por una viga armada, la viga de la meseta, y el encofrado de esta viga, al hormigonarse de una forma continua, va unido al de la contrahuella correspondiente.

Comienzo del segundo tramo

En la figura 104 vemos que el arranque del segundo tramo de la escalera apoya sobre la viga de la meseta, con un tablero lateral con igual altura que la de la viga, aumentada en un grueso de tabla, que corresponde al tablero de fondo, y disminuida en el espesor de la losa del tramo.

Meseta del tablero

Primero hay que empezar con el encofrado de la viga que sirve de elemento resistente a la escalera en ese punto. El encofrado de esta viga en nada difiere de lo ya descrito para las estudiadas en el capítulo correspondiente a vigas. El tablero de fondo tendrá la particularidad de tener dos anchuras desiguales: del lado exterior de la escalera, y correspondiendo al primer tramo, su anchura tiene que enlazar con el tablero de la losa, y del lado interior de la escalera y correspondiendo al segundo tramo, la anchura es la de la escuadría de la viga.

La viga irá apoyada sobre dos puntales con sus correspondientes sopandas, operando como ya lo describimos anteriormente.

Cuando ya tengamos preparado el encofrado de la viga, se procederá al montaje del encofrado de la losa de la meseta, para lo cual remitimos al lector al capítulo de suelos, ya que en nada difiere de aquéllos.

Para apuntalamientos, tornapuntas, embarrotados, zancas, etc., de las losas de los tramos, remitimos al lector al capítulo de escaleras sencillas de un tramo, ya que la losa de la meseta divide a una escalera de varios tramos, en sencillas de un solo tramo.

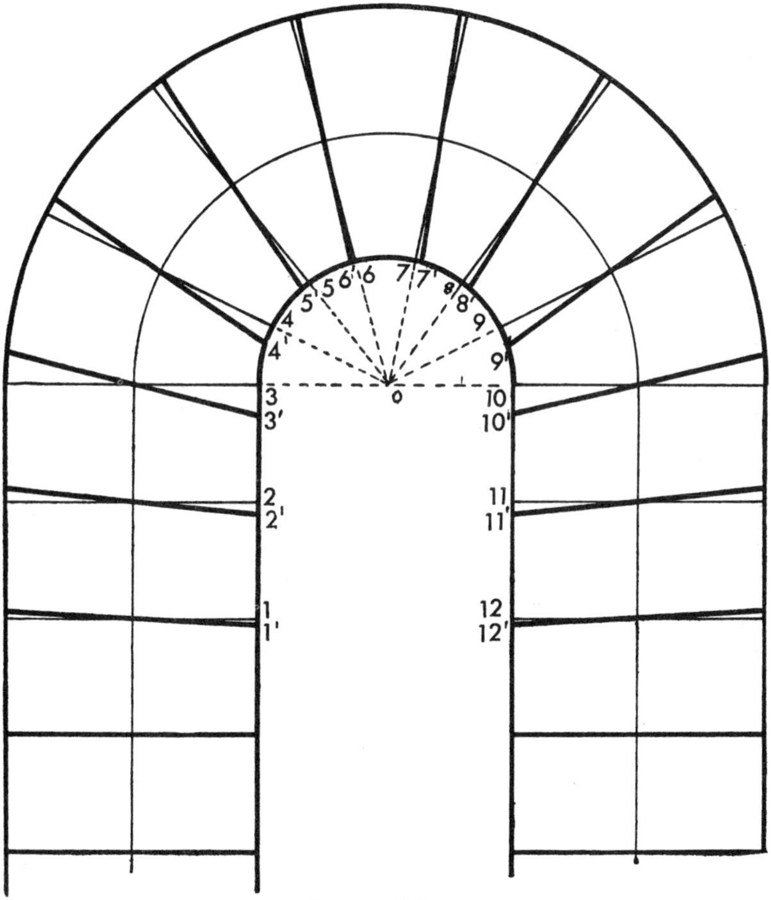

Figura 105

ESCALERAS CURVAS

En este tipo de escaleras se incluyen aquellas que están formadas por tramos rectos y, por disponer de poco espacio, se hace preciso trazar escaleras continuas, es decir, sin ningún rellano intermedio para ganar rápidamente altura o para conseguir un determinado efecto decorativo, dando, por tanto, un trazado mixto.

Como no puede obtenerse el efecto deseado de ganar altura por disponer de poco espacio realizando una escalera de tramos rectos y mesetas, hay que introducir en las vueltas, los tramos curvos. Esto obliga a dar a las huellas una forma trapecial, de manera que la planta de la escalera adopta un tramo semicircular, tal como se ve en la figura 105.

Tendremos, pues, desarrollos distintos en la parte exterior y en la interior, llamándose **línea de huella** la línea imaginaria por donde se supone que se pisa al subir. Se supone que esta línea es la central dibujada. Para no encontrar diferencias entre el tramo recto y el curvo, se da a esta línea en todas las huellas del tramo curvo la misma dimensión que ya tenía en el recto y esta es una condición esencial.

El principal inconveniente de este tipo de escaleras es el cambio brusco que se produciría al cambiar repentinamente de un tramo recto por un curvo. Para evitar esto se procede a una compensación o suavización de peldaños que haga menos brusco el paso de unos a otros.

Por ser interesante, daremos a continuación unos métodos para el trazado de la compensación de tramos curvos.

Trazado matemático

Tracemos en un alzado el desarrollo del rodapié interior, tal como quedaría dibujado en el caso de la figura 105. Así obtendríamos el perfil que se muestra en la figura 106. Sobre la horizontal AB se proyectan las huellas del desarrollo interior, pero solamente las definidas por 1—2, 2—3, 3—4, 4—5, y luego, las 9—10, 10—11 y 11—12. En cambio, las 3—4, 4—5, y hasta la 9—10, se señalan rectificadas.

Sobre la misma figura, con diferente trazo, se dibuja el desarrollo exterior de la curva.

Si unimos ahora las líneas de los mamperlanes de ambos perfiles (1) notaremos que forman líenas quebradas muy distintas y se verá el cambio brusco entre las diferentes huellas. Para obtener la compensación debida, trazaremos por el punto medio entre **R** y **C** una normal a ella. Se toman las distancias **RH** y **CI** de longitud igaul a las **RS,** y por estos pun-

(1) Hallará el lector cuanta información desee sobre trazados compensados en el capítulo de Escaleras de la Monografía n.° 25 **CARPINTERIA DE TALLER,** de este mismo autor y colección.

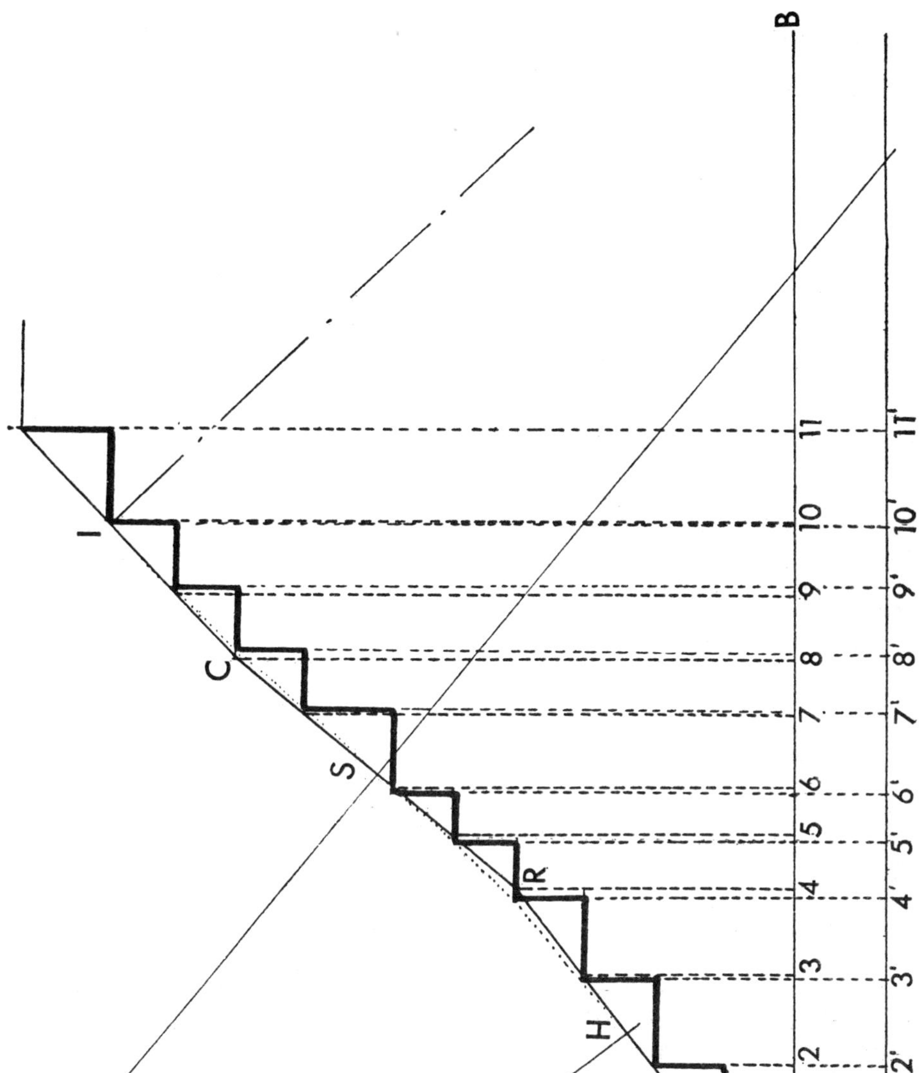

Figura 106

tos se trazan nuevas líneas perpendiculares, hasta que encuentren a la trazada por el punto **S**.

Desde los puntos de intersección, tomados como centro y con radio desde ese centro al punto **S**, se trazan arcos entre **H** y **S** por un lado y **S** e **I** por el otro, los cuales nos darán una suavización del perfil, que no es otra cosa que la compensación deseada. Por tanto, la línea quebrada de los mamperlanes la hemos transformado en otra curva de trazado más suave. Prolongaremos, pues, las huellas hasta encontrar esta línea nueva, lo que nos dará en la proyección, la planta de las líneas de compensación. Basta unir estos puntos, llevados a la planta de la escalera, con los de la línea de pisada o de huellas, para obtener el trazado completo de las huellas compensadas.

DIFICULTAD DE EJECUCION

Si el encofrado de las escaleras de tramos rectos no eran la labor fácil, el de las escaleras curvas supera con creces dicha dificultad. Como ya hemos repetido en muchas ocasiones, no es frecuente encontrar en los planos de obra nada referente a encofrados de los elementos que componen aquélla, sino que sólo se dibujan y proyectan las obras tal y como deben quedar una vez terminadas, por lo que corre «a cuenta del encofrador» el ingeniárselas como francamente sepa para obtener los moldes deseados.

Cuando se trata de elementos rectos, la dificultad es exigua; no así en el caso de escaleras con tramos curvos. Generalmente, pues, será preciso trazar unos camones que marquen el desarrollo de la losa de escalera, si va encajada en muros; con camón por una parte y tablero de zanca por otro lado, si la escalera va por un lado adosada al muro y al aire por el otro. O, finalmente, con dos tableros de zanca, uno por cada lado, si la escalera va enteramente al aire.

Camones

Están destinados a soportar los pesos correspondientes al encofrado de la bóveda y del hormigón, por lo que en el presente caso son los elementos resistentes del armazón de madera. Por tanto, se procurará que no haya trozos de tabla demasiado estrechos. A veces es muy conveniente colocar doble tabla en el camón para reforzar los apoyos defectuosos que se producen en las entradas y salidas de la escalera, en que sólo las tablas que forman el molde del tablero de losa apoyan por un solo extremo. Doblando el espesor de los camones, se consigue un buen apoyo de dichas tablas. En la figura 107 se muestra un trazado de camones para una escalera curva.

Para el trazado de la línea superior de los camones, la que sirve de apoyo a las tablas del encofrado de la losa de la escalera, basta con dis-

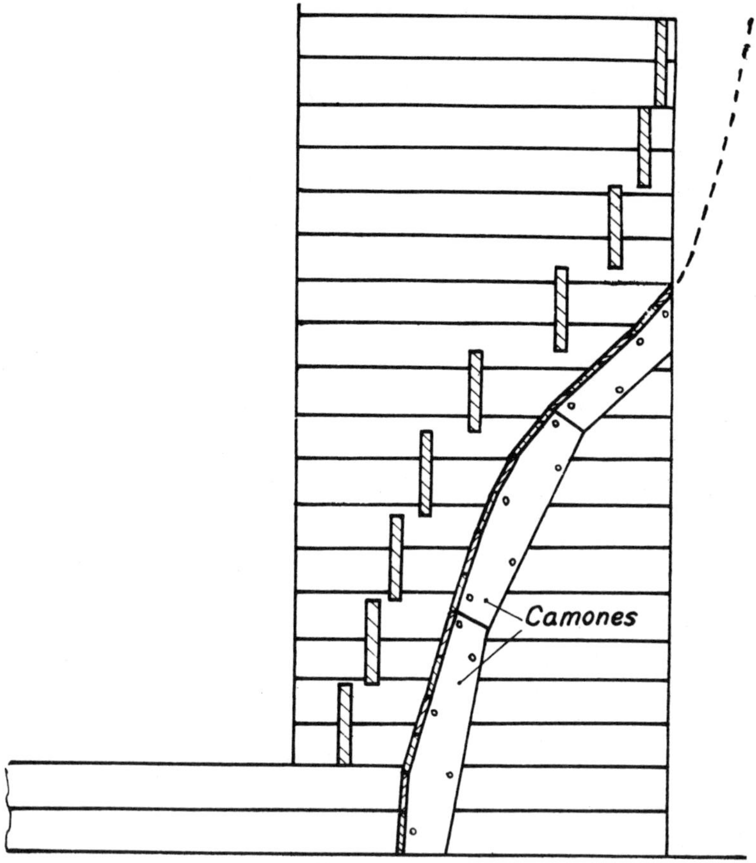

Figura 107

minuir en un grueso de tabla la línea de la bóveda que nos marquen los planos del proyecto y que dibujaremos sobre la montea. Sobre la pared en donde se apoya la losa, y sobre una superficie previamente preparada, se dibuja dicha montea.

Los camones de las zancas se dibujan sobre los tableros de éstas.

Las tablas que forman dichos camones pueden ir clavadas a las paredes de la caja de la escalera o montadas sobre apeos. En la figura 108 vemos un camón para apoyo de las tablas del encofrado de la losa de una escalera montada sobre un apeo.

Zancas

Por la dificultad de ejecutar los tableros de zanca, de la misma forma que indicábamos al hablar de escaleras de tramo recto, en que aquéllos estaban constituidos por tableros estrechos, ya que aquí, por la forma cur-

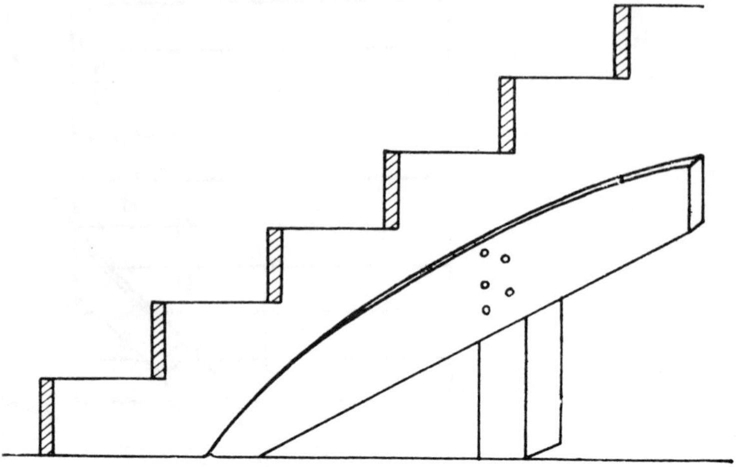

Figura 108

va de la bóveda, habría zonas estrechas, es preferible formar tableros que asienten en el suelo, como se muestra en la figura 107. Como ya vemos en ella, sobre este tablero van también las tablas que forman los camones, y las bridas donde apoyarán verticalmente los tableros que delimitan las contrahuellas. Aunque en la figura 107 se han dibujado estas bridas a distancias horizontales diferentes (lo que parece saltar a la vista como un error de dibujo), no es ni más ni menos que el efecto de la escalera en curva. Es, pues, una proyección sobre un plano vertical. Habrá entre todas esas distancias, sólo una que será la verdadera y que corresponderá a la dimensión de una huella. El resto estará, en el dibujo, claro, deformada por efecto de la curvatura de la escalera.

Para obtener el tablero de zanca, comenzaremos por disponer de un tablero con las dimensiones necesarias para que nos quepan en él todas la sbridas del tramo que nos propongamos encofrar. Sobre ese tablero, procederemos a dibujar la línea de la escalera por la zanca.

Es conveniente que las dos tablas inferiores, las que van junto al suelo, del tablero preparado se prolonguen sobresaliendo del resto, como se indica en la figura 107, para con ellas dejar formado el primer peldaño de arranque de la escalera. A partir de aquí, se lleva la altura correspondiente a una contrahuella, que vendrá fijada en el proyecto, para determinar el segundo peldaño. De esta forma se va obteniendo la traza de los escalones sobre el tablero. Si unimos todos los extremos más bajos que forman los ángulos de los escalones, se obtiene una curva paralela a la de la bóveda de la escalera por su parte inferior, por lo que no hay más que bajar dicha curva en el grosor de la losa para obtener así el trazo de los camones al disminuir altura en un grueso de tabla.

Para trazar perfectamente la curva de los camones, ya que por el procedimiento anterior sólo habremos obtenido una serie de puntos correspondientes a la misma, se suelen clavar unos clavos en dichos puntos y encajar una reglilla algo flexible, hasta darle una forma aceptable estéticamente y que no produzca disminución en el grueso de la losa de la escalera, si acaso aumento de algunos milímetros en dicho espesor.

Losa

Para el encofrado de las losas se necesitan tablas en muy buen uso, debido a los esfuerzos que deben soportar. Se ha de tener en cuenta, además, que por las especiales características de las escaleras en curva, habrá que obtener tableros en forma trapecial, ya que por su parte exterior, las huellas tienen más desarrollo que por la interior, siendo la línea de huella la que debe tener la dimensión adecuada. La diferencia entre ambas bases del trapecio será tanto mayor cuanto «más cerrada» es la escalera, es decir, cuanto menor sea el radio de giro de la escalera, en planta.

Estas tablas se apoyan, por una parte, en el camón de la zanca y por el otro en el de caja. Presentados sobre estos camones, se irán clavando a los camones respectivos. A veces será necesario clavar unas cuñas intermedias para darles a las tablas el ligero alabeo a que les obliga este tipo de escalera.

Cuando la escalera es bastante ancha, o se teme que el alabeo de las tablas dé en los extremos de las mismas unas líneas con resaltos, por la resistencia que dichas tablas oponen al alabeo, se necesitan poner camones intermedios, para guiar mejor el apoyo de las tablas o para que al ser éstas más cortas, como resultado de dividir su longitud en otra menor, se consiga un mayor efecto.

Apuntalamiento

Cuando ya tengamos montado el encofrado de la losa de escalera, procederemos a apuntalarla debidamente. Los puntales que se coloquen deben de llevar, si fuera posible, la dirección normal a la superficie que tratan de apuntalar, es decir, que irán inclinados de manera que sean perpendiculares en cada punto al tablero de la losa de la escalera. Si esto no fuera posible, se buscará la forma para que esta inclinación sea lo más aproximada posible a la perpendicular.

Los camones llevan sus tornapuntas y también será preciso en la mayoría de los casos disponer tornapuntas para la mayor seguridad de los puntales, los cuales, para evitar todo desplazamiento, irán arriostrados entre sí con cruces de San Andrés.

Madero de sobrezanca

Como ya dijimos al hablar de las escaleras de tramo recto, para mejor fijación de las tablas de contrahuella se puede disponer de un tablero, llamado de sobrezanca, para colgar de él y obtener así otro apoyo más, los tableros de contrahuella. De esta manera el empuje que se produce al hormigonar los escalones y que va contra los tableros de contrahuella, queda más repartido, puesto que el tablero de sobrezanca se apoya, en un corte biselado, contra el suelo, si es un primer tramo, o sobre una meseta ya hormigonada, si es en un tramo alto.

X

ENCOFRADOS DE VOLADIZOS

BALCONES O GALERIAS

Cuando el balcón o galería es prolongación de un suelo nervado (o con entramado de vigas prefabricadas) en el sentido de las vigas o nervios, no es más que una losa apoyada sobre vigas y su encofrado no ofrece más dificultades que las descritas para dichos suelos en el capítulo correspondiente. Su única variación consiste en que el extremo del voladizo necesita una tabla terminal sobre el encofrado de losa como las descritas en las zancas de escaleras (figura 102). Especial cuidado debe prestarse al apeo con suficientes puntales arriostrados con tornapuntas y calzados con zapatas continuas (figura 109).

Cuando el balcón o galería no apoya sobre vigas, el tablero suele ir inclinado, correspondiendo al mayor espesor de la losa en voladizo en su empotramiento (figura 110).

ALEROS

Los voladizos de aleros de cubiertas suelen encofrarse como los balcones descritos anteriormente, no ofreciendo dificultades el que el alero, a veces, siga la pendiente del tejado. Lo difícil no suele ser el encofrado en sí, sino su apeo, ya que los aleros suelen estar a considerable altura, lo que obliga a colocar los apeos inclinados para apoyarlos en el muro del edificio (figura 111).

MARQUESINAS

El encofrado de marquesinas de hormigón armado suele ser igual al de cualquier voladizo, con la ventaja de que por situarse éstos a poca altura, los apeos pueden apoyar en el terreno.

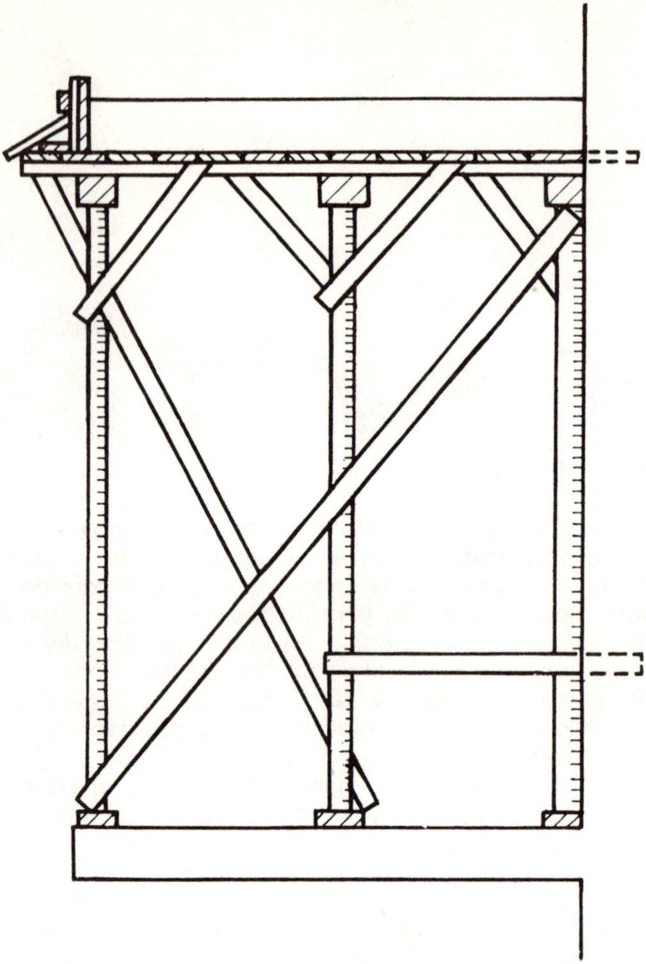

Figura 109

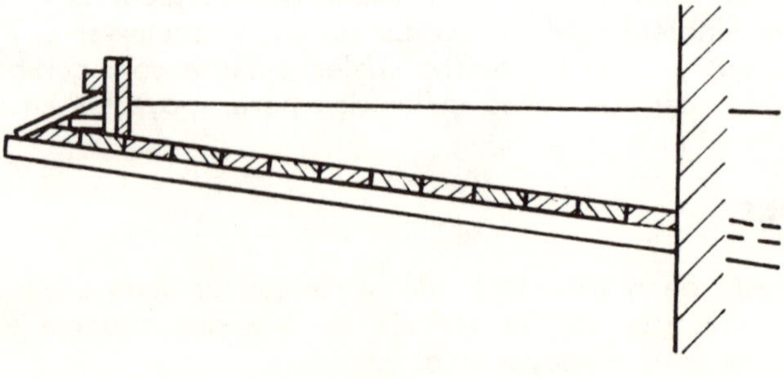

Figura 110

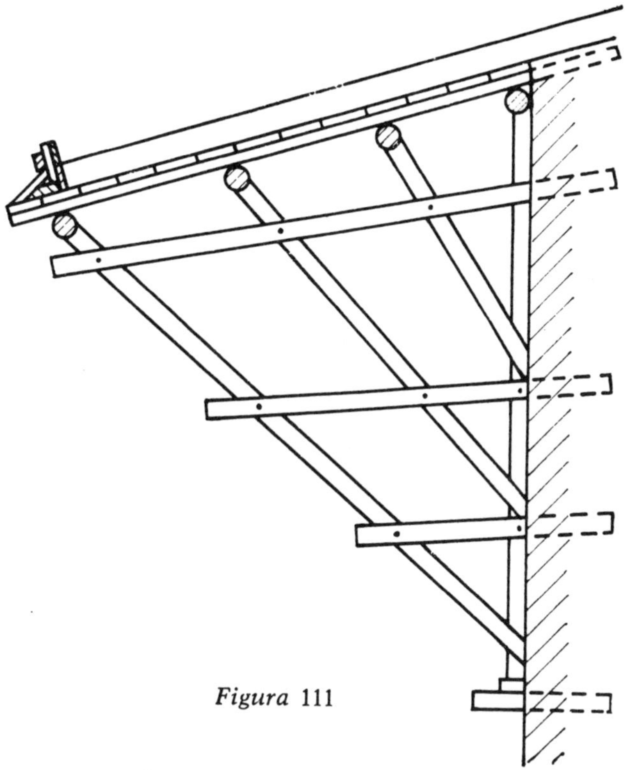

Figura 111

CORNISAS

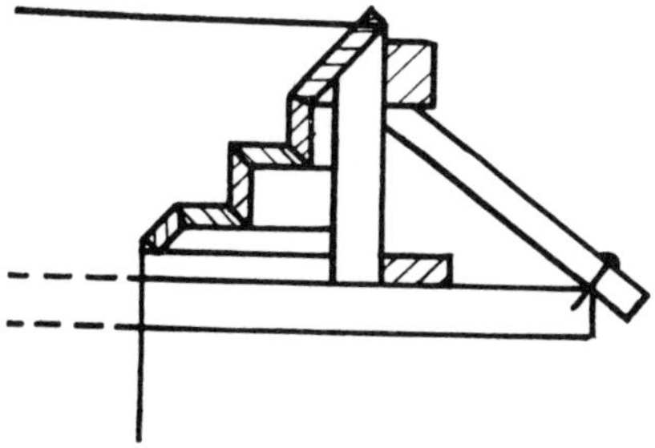

Figura 112

El encofrado de cornisas sólo se diferencia del de aleros en la mayor o menor complicación que ofrece la configuración de la cornisa, siendo las esquinas los puntos que exigen mayor cuidado del encofrador. Se dispondrán unos calibres o plantillas negativas recias que siguen la configuración de la cornisa, deducido el grueso de las tablas. Estas plantillas harán las veces de costillas y sobre las mismas se clavarán las tablas del molde (figura 112).

XI
ENCOFRADOS DE ARCOS, BOVEDAS, CUPULAS Y PUENTES

ARCOS

Para el encofrado de arcos rigen las mismas reglas explicadas ya para suelos y muros. La diferencia principal estriba en que para formar el intradós de estos elementos se precisa colocar unas cimbras sobre las que se apoyan las tablas del encofrado del arco. Las figuras 113, 114, 115 y 116 son ejemplos de diferentes cimbras cuya variedad es inmensa, adap-

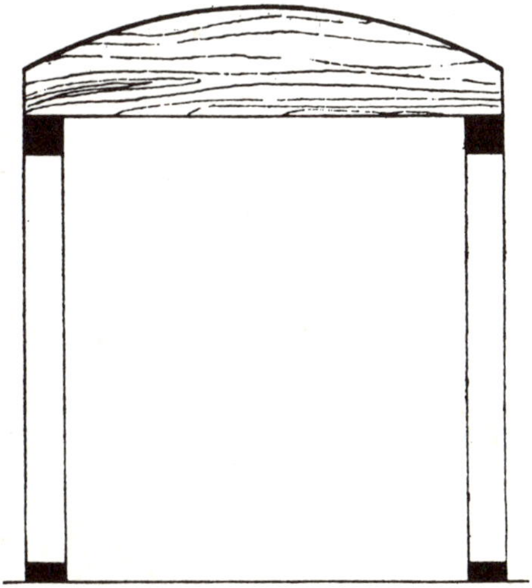

Figura 113

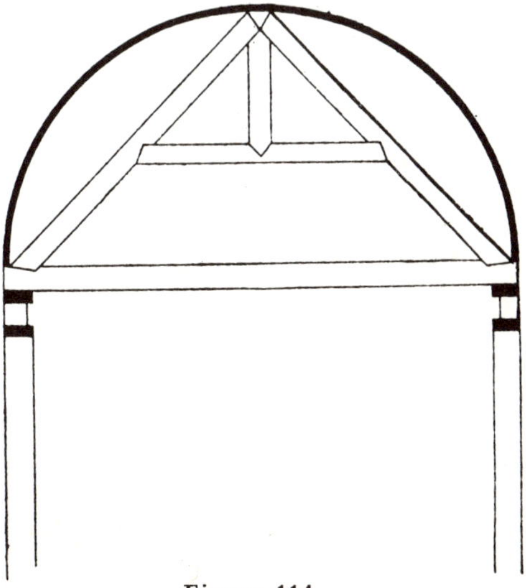

Figura 114

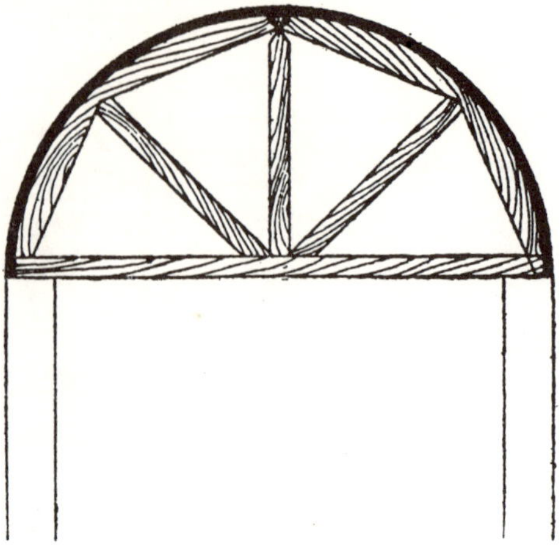

Figura 115

Figura 116

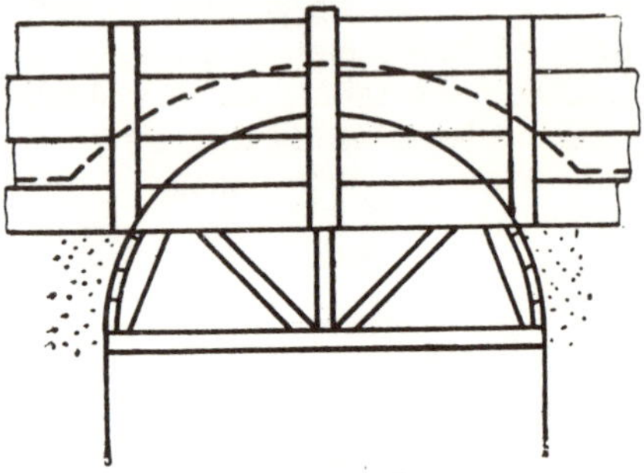

Figura 118

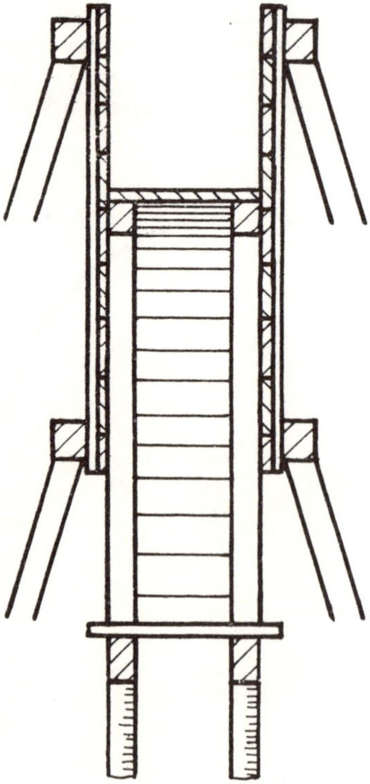

Figura 117

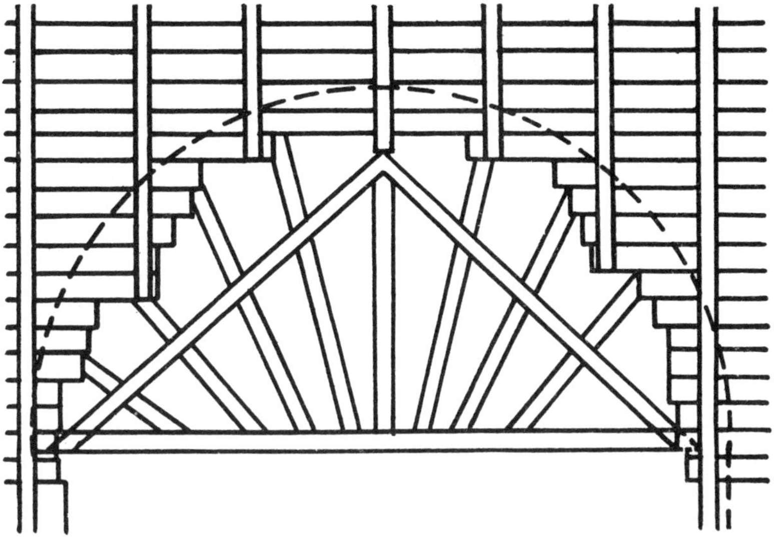

Figura 119

tándose a las diversas formas de arcos que se emplean en la construcción. El extradós no necesita encofrado, ya que enlazará en los demás elementos del edificio (muros, pilares u otros arcos) (1).

Como el arco suele tener el ancho de la pared en que se abre, se colocan dos cimbras paralelas, en línea con los paramentos, y sobre las mismas se clavan las tablas de encofrado del intradós, recortadas a una longitud igual al grueso del muro (figura 117).

Los testeros se encofran con tablas horizontales como un muro. Si el arco es pequeño, tapándolo del todo (figura 118), y si es grande, escalonadas dejando libre el hueco (figura 119).

BOVEDAS

Cuando la bóveda a encofrar pertenece al grupo fundamental de las cilíndricas, o sea, que es generada por un arco directriz, que se traslada a lo largo de un eje, el encofrado viene a ser similar al del arco generador. En lugar de dos cimbras, se compondrá de un número mayor, según la longitud de la bóveda y la luz, de los que dependen su peso. Las tablas del intradós serán más largas, y si su longitud es menor que la de la bó-

(1) Para más detalles, ver la monografía n.° 30, **ARCOS Y BOVEDAS,** de F. Moreno García, de esta misma colección.

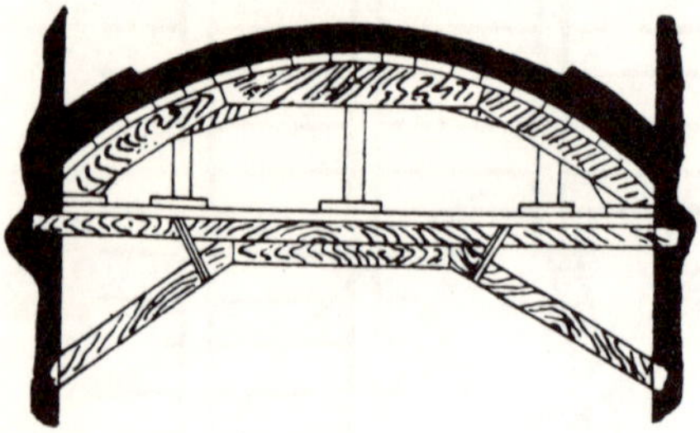

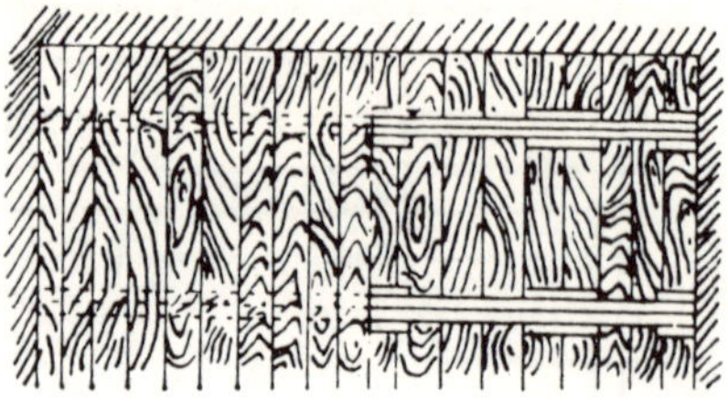

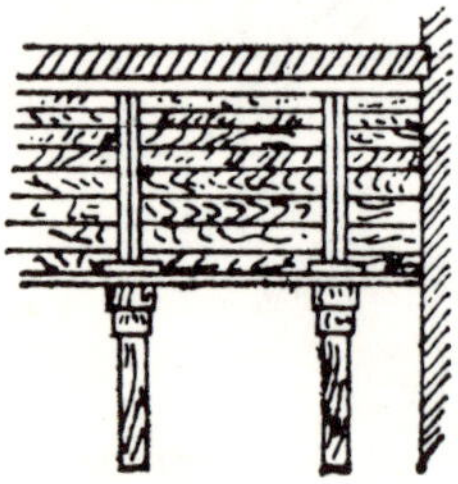

Figura 120

veda, se procurará que los extremos de las tablas coincidan sobre una de las cimbras intermedias.

La figura 120 representa un ejemplo de esta clase de encofrado.

Si los testeros son libres, pueden encofrarse como se ha explicado en los arcos, o mediante plantillas especiales que se fijan con barrotes, carreras y puntales adaptados a la forma de la bóveda (figura 121).

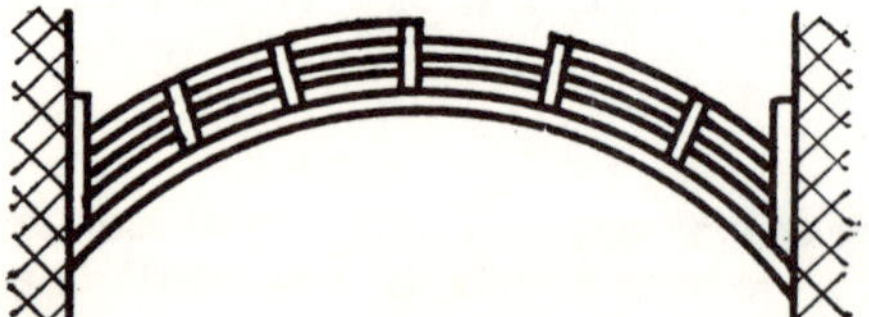

Figura 121

Para encofrar otros géneros de bóvedas, como las de rincón de claustro, por aristas, esquifadas, estrelladas, etc., se forma primero con cimbras y medias cimbras una osatura y sobre ésta se clavan las tablas de encofrado del intradós.

En las figuras 122 y 129 se representan varios encofrados, en planta o sección, para estos tipos de bóvedas.

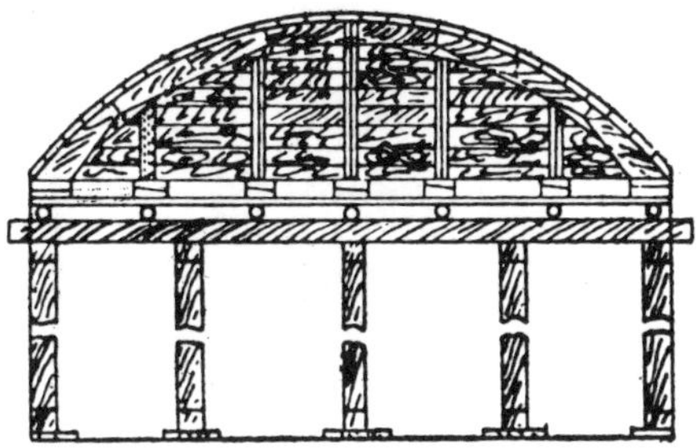

Figura 122

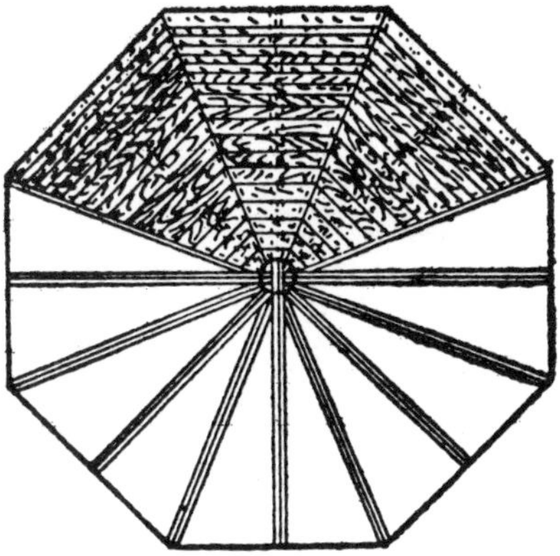

Figura 123

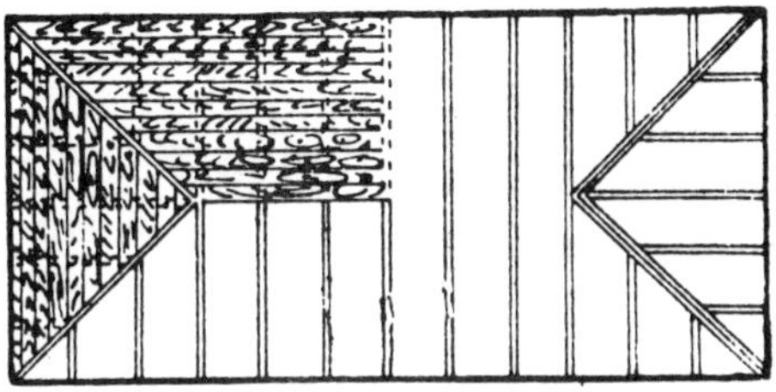

Figura 124

Figura 125

Figura 126

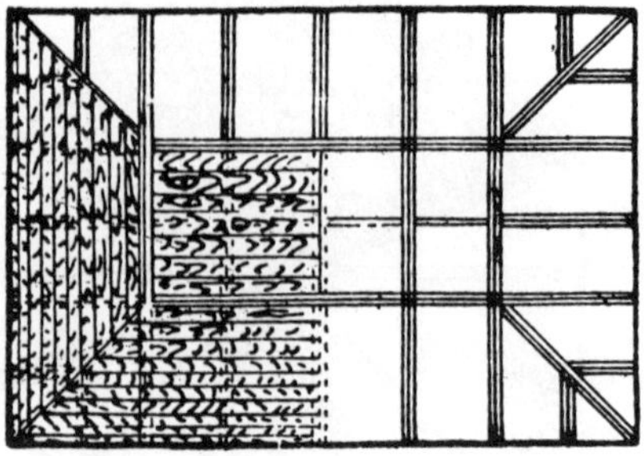

Figura 127

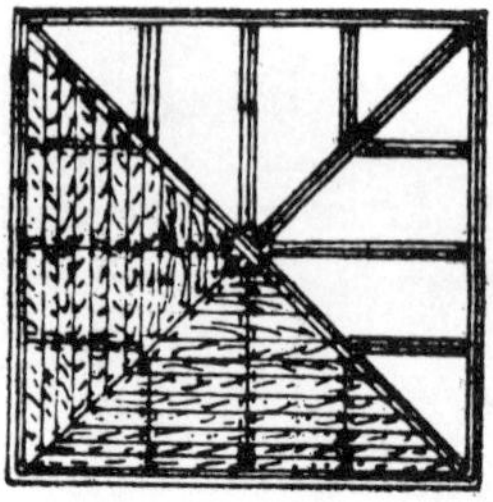

Figura 128

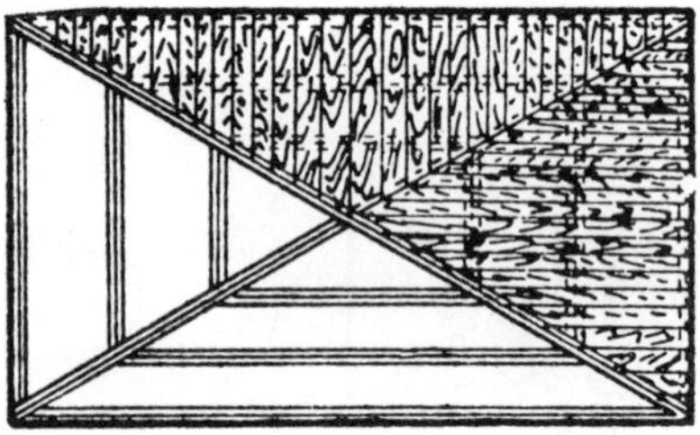

Figura 129

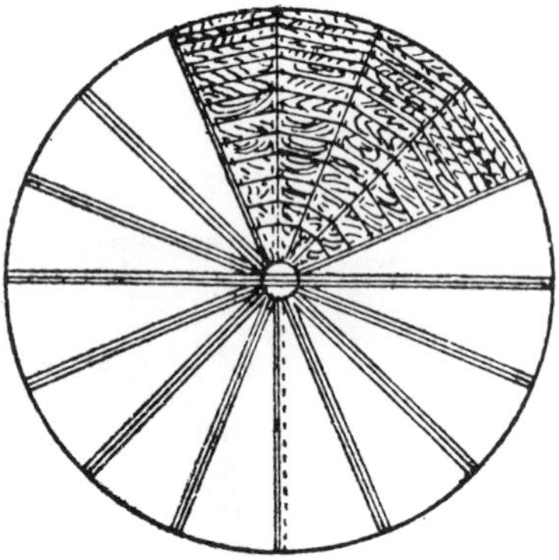

Figura 130

CUPULAS

Un caso particular de las bóvedas lo constituyen las cúpulas, que vienen a ser unas bóvedas cerradas sobre planta circular o elíptica. También puede considerarse generada por un arco que gira alrededor de su eje vertical. La más característica es la cúpula esférica, generada por un arco de medio punto.

De lo anterior se deduce que la osatura correspondiente a cualquier cúpula se compondrá de un robusto eje (de sección redonda) al que se une una serie de medias cimbras. Las tablas del encofrado del intradós, convenientemente recortadas, se clavan sobre la osatura mencionada, como en las demás bóvedas (figura 130).

PUENTES

Por la rapidez de construcción y su larga duración, las grandes obras de fábrica que salvan los vanos de ríos, vaguadas o brazos de mar, se construyen con hormigón en masa o armado. En muchas ocasiones hay que enfrentarse con casi insolubles problemas de cimentación, montaje de cimbras, castilletes de apeo y hormigonado. Pero con una buena técnica, se puede decir en idioma vulgar que no hay puente que se resista.

En la técnica del encofrado de puentes de gran envergadura, no entra sólo el aspecto del molde, sino la resistencia de los elementos que lo han de sostener. En ocasiones hay que construir verdaderos castillos que forman el armazón resistente del molde propiamente dicho.

Clasificación

Indudablemente, en general se da el nombre de «puente» a toda obra de fábrica cuya finalidad es la de salvar un vano o solución de continuidad en el terreno para una vía de acceso, tal como carretera, ferrocarril, canal, etc. En ingeniería, estas obras de fábrica se agrupan según la luz libre o hueco de obra construida, en:

Caños, cuando la obra de fábrica proyectada tiene una luz libre de 0,60 o 0,80 m.

Tajeas, para aquellas obras de fábrica cuya luz libre va de 0,50 a 1,00 m, pudiendo ser de losa de tapa o de bóveda de arco.

Alcantarillas, cuando la luz libre llega a 3,00 m.

Pontones, si la luz libre no rebasa de 8,50 m.

Puentes propiamente dichos, cuando la luz libre es superior a 8,50 m.

Dentro de esta clasificación hay que distinguir entre los puentes de tablero y los de arco, ya sea circular (de medio punto, rebajado, peraltado, etc.), parabólico o de cualquier otro tipo.

Las obras de fábrica de pequeña luz ofrecen pocas dificultades al encofrador y vamos a describir su montaje en breves líneas.

En la figura 131 vemos una obra de este tipo, de losa o tablero. Se llaman **estribos** los muros laterales sobre los que apoya el tablero. El encofrado de estos estribos no se diferencia en nada del ya descrito para los muros, constando de tableros ya conocidos sobradamente. Los paramentos internos pueden ir escalonados, si la altura es considerable, inclinados en un suave talud o ser totalmente de un mismo grueso. Cualquiera que sea su forma, no ofrece dificultad su encofrado.

La losa se encofra igualmente como ya explicábamos en el capítulo de suelos, incluso puede llevar, como allí sucedía, vigas largueras que son los elementos resistentes.

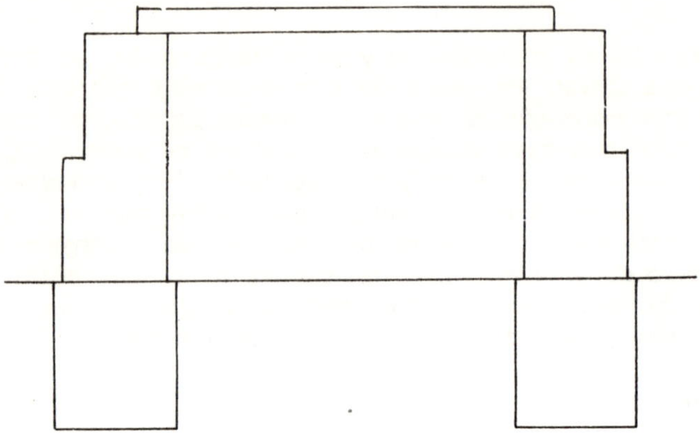

Figura 131

Los paramentos exteriores, es decir, los vistos, son siempre verticales y se encofran como los interiores.

Puentes de arco

Alcanzan los de este tipo las mayores luces conocidas, siendo innumerables de ellos verdaderas obras maestras de la ingeniería moderna.

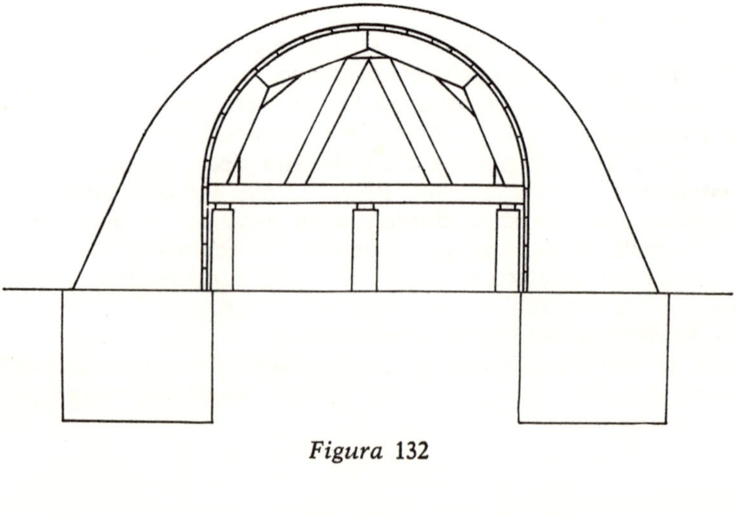

Figura 132

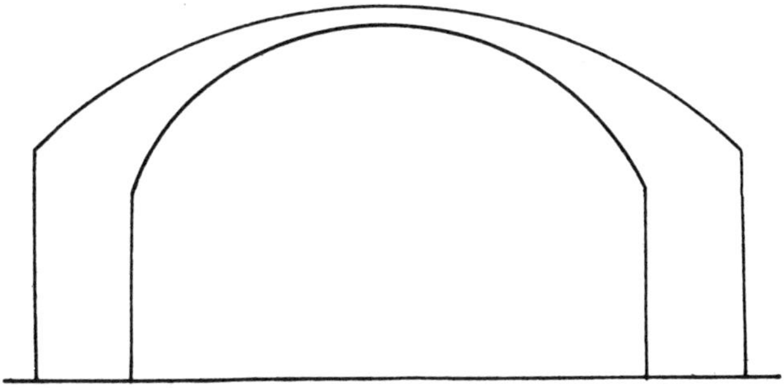

Figura 133

Los puntes de arco de luces no muy grandes suelen hacerse a base de medias circunferencias, por lo que reciben el nombre de **medio punto** (figura 132). Cuando el arco es menor que una semicircunferencia, reciben el nombre de **arcos rebajados,** como el de la figura 133. Pueden también adoptar forma elíptica (figura 134), y la más generalizada, en virtud de sus propiedades técnicas, es la parabólica.

Cuando el vano a salvar es de considerable anchura, se divide el mismo en varios tramos mediante un puente que consta de unos pilares centrales y entre ellos bien tablero o arco.

Volviendo a la figura 132, que nos va a servir en nuestra descripción general, vemos que los encofrados de los paramentos de los estribos están formados por tableros en donde las tablas están dispuestas horizontalmente, los cuales se apoyan contra unas carreras horizontales. Todo este armazón se apoya, a su vez, en tablones clavados verticalmente en el suelo, los cuales suelen recibir el nombre de **velas,** por su parecido con éstas.

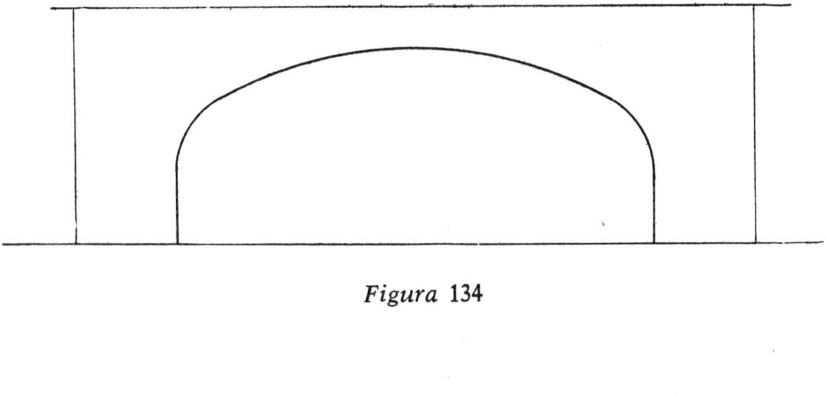

Figura 134

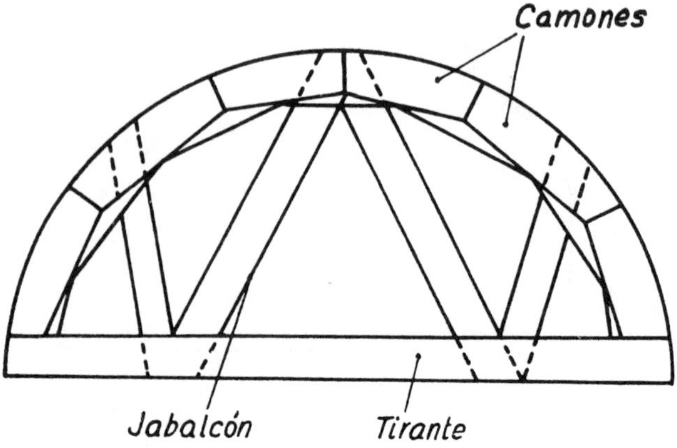

Figura 135

Para evitar que las velas se venzan al empuje del hormigón, hay que disponer tornapuntas en el paramento del lado del terreno. En los que han de quedar vistos, como se ven en la citada figura 132, si la luz no es excesiva, se emplean codales que ofrecen mayor seguridad.

La disposición de los distintos elementos dependen del empuje de hormigón que deben soportar. La separación entre las carreras es función de dicho empuje.

Para darle forma al arco se emplean unas piezas llamadas **cimbras,** las cuales van montadas sobre unos caballetes que les sirven de apoyo. Estas **cimbras** o **formeros** (reciben muy diversos nombres según las regiones) llevan en su parte alta la forma a dar al arco y sobre las cuales se apoyan las tablas del encofrado del arco. En la figura 135 vemos una cimbra para arco de medio punto.

La cimbra se compone de los camones, que pueden ir en una o varias filas para mayor refuerzo, el tirante o pieza horizontal, y los jabalcones, que son a modo de tornapuntas de la pieza.

Entre las cabezas de los castilletes y los tirantes de las cimbras se colocan las cuñas, cuya misión principal no es la de llevar a su posición exacta la cimbra y, por lo tanto, el encofrado de la obra, sino la de facilitar la labor de desencofrado, cosa que no podría efectuarse sin esas cuñas.

Colocados los castilletes, se montan las cimbras y se arriostran. Se colocan algunas tablas del encofrado de la bóveda, para mantener entre sí la distancia debida y que se mantengan verticales. Después se coloca el resto de las tablas que forman la superficie inferior de la bóveda. La superior no va encofrada, o lleva tan sólo unas tablas en los arranques, ya que suele adoptar la caída del hormigón a dicha superficie.

XII

ENCOFRADOS
DE
DEPOSITOS

DESCRIPCION

Generalmente, los grandes depósitos para almacenaje de líquidos, principalmente el agua, e incluso para sólidos, como sucede en el caso de los silos, se construyen de hormigón.

Suele ser muy frecuente ver depósitos de forma o sección circular, pero ello no excluye el que se puedan obtener de otra sección cualquiera.

Podemos decir en líneas generales que todo cuanto se ha dicho hasta aquí es ampliamente aplicable al capítulo de encofrado de depósitos, sólo variarán las dimensiones. Así si tratamos de encofrar un depósito de forma o sección cuadrada o rectangular, seguiremos la misma técnica empleada en el encofrado de pilares y muros, etc.

Por ser más frecuentes, como ya hemos dicho, los depósitos de planta circular, y por tener, además, ciertas características especiales, vamos a dar a continuación una detallada exposición acerca de los mismos.

DEPOSITOS DE FORMA CIRCULAR

Sobre la base o cimiento de hormigón, se procederá al replanteo de las dos superficies, interior y exterior, del depósito a encofrar. El diámetro de esta circunferencia exterior, a efectos de encofrado, será:

Diámetro del depósito + dos espesores del muro del depósito + dos gruesos de tabla.

Para darles forma circular a las tablas de encofrado, también se emplean aquí las piezas llamadas camones de que ya hablábamos al describir los pilares de sección circular.

Trazado de una circunferencia mediante cuerdas y flechas

Toda la dificultad del problema del trazado de los camones estriba en su replanteo. No podemos extender sobre el suelo una superficie formada de tablas y sobre él replantear una circunferencia, para más tarde recortarla y que nos sirva de camón o guía para el molde de un depósito. Estas guías, estos camones, hay que obtenerlos con trozos de circunferencia, de manera que al unirlos todos, tengamos formada aquélla.

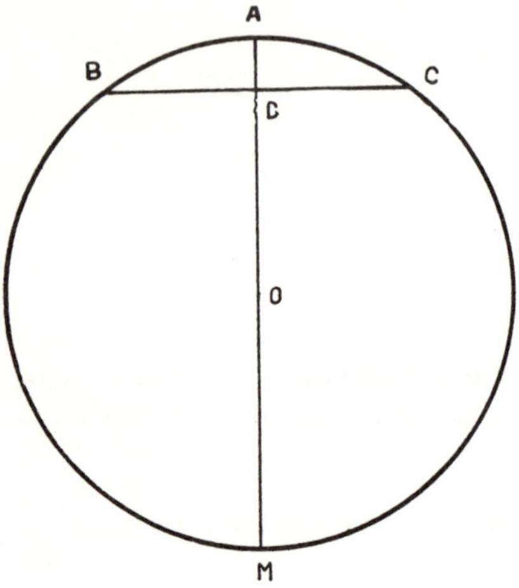

Figura 136

Para ver cómo solucionamos el problema, examinemos la figura 136. En ella, trazando un diámetro **AOM** y una cuerda perpendicular, **BC,** se tiene, en virtud de cierta propiedad geométrica, llamada «potencia de un punto respecto de una circunferencia»:

$$\mathbf{AD} \cdot \mathbf{DM} = \mathbf{CD}^2$$

y poniendo en lugar de estas letras los valores geomtéricos que representan, llamando **f** a la flecha **AD** y **R** al radio correspondiente, siendo **c** la mitad de la cuerda **BC,**

$$\mathbf{f} \cdot (2\mathbf{R} - \mathbf{f}) = \mathbf{c}^2$$

Sacaremos el valor de **f:**

$$\mathbf{f}^2 - 2\mathbf{R} \cdot \mathbf{f} + \mathbf{c}^2 = 0$$

$$\mathbf{f} = \frac{2\mathbf{R} \pm \sqrt{4\,\mathbf{R}^2 - \mathbf{c}^2}}{2} = \mathbf{R} \pm \sqrt{\mathbf{R}^2 - \mathbf{c}^2}$$

Como puede verse, se obtendrán dos valores para **f,** según se tome un signo u otro. Pero sólo uno de ellos es el válido, el que se obtiene con el signo —, pues el otro da el valor de **DM,** que no nos vale.

Así, pues, tendremos que

$$\mathbf{f} = \mathbf{R} - \sqrt{(\mathbf{R} - \mathbf{c})\ (\mathbf{R} + \mathbf{c})}$$

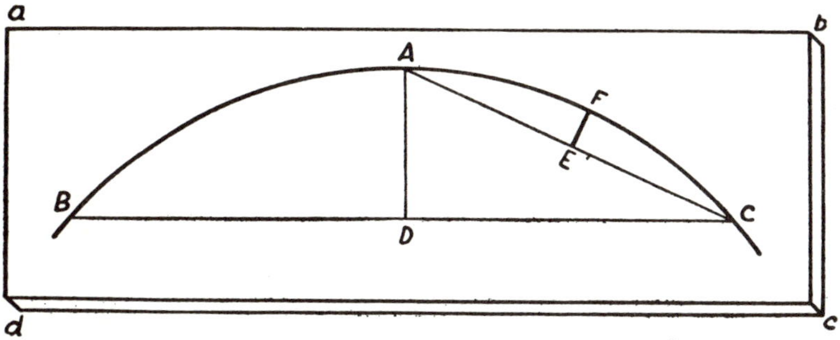

Figura 137

Esto nos da el valor de la flecha en función del radio de la circunferencia y de la cuerda o semicuerda **c.** Podemos sacar buen provecho de esta propiedad para el fin que perseguimos.

Supongamos, figura 137, que sobre un tablero de las dimensiones del **a-b-c-d,** queremos trazar un arco de circunferencia de radio R, que nos va a servir de camón para una determinada obra. Ya tenemos el dato principal, el valor de **R.** Supongamos que vale 2,00 metros.

Comenzaremos por medir una cuerda, la **BC,** que, naturalmente, nos quepa dentro de este tablero que disponemos para el trabajo. Esa cuerda es, por ejemplo, de 0,80 metros.

La flecha correspondiente, según los datos que damos, vale:

$$\mathbf{f} = 2{,}00 - \sqrt{(2{,}00 - 0{,}40)\ (2{,}00 + 0{,}40)} =$$

$$= 2{,}00 - \sqrt{(3{,}84} = 2{,}00 - 1{,}96 = 0{,}04 \text{ m.}$$

Por lo tanto, bastará con trazar sobre el tablero **a-b-c-d** la cuerda **BC** y levantar sobre su punto medio, el **D,** una perpendicular a **BC** con una longitud **f.** Los tres puntos **B, C** y **A,** están sobre una misma circunferencia.

Para completar la totalidad de la circunferencia, echamos mano de otra propiedad geométrica, que nos permite seguir obteniendo puntos de una circunferencia cuando ya tenemos trazados una cuerda y la flecha correspondiente. Consiste este sencillo procedimiento en unir los puntos **A** y **C,** y sobre el punto medio de esta nueva cuerda, que pertenece al arco mitad del **BC,** se levanta una perpendicular **EF,** siendo esta longitud igual a la de la flecha **AD** dividida por cuatro. Esta propiedad, que sirve para el replanteo de curvas circulares y que el lector deberá aprenderse de memoria por sus múltiples aplicaciones, la podemos resumir así:

«Si **BAC** es un arco de circunferencia al que le corresponde una cuerda **BC** y una flecha **AD,** al trazar la cuerda del arco mitad, **AC,** le corresponderá una flecha **EF** que es la cuarta parte de la anterior, **AD**».

Se han hecho muchas tablas para el trazado de curvas circulares y el lector podrá encontrar muchas adecuadas a este fin.

Con este trazado, se podrán obtener los camones necesarios para el encofrado de las dos superficies, la exterior y la interior, del depósito. Basta con ir encajando todos los trozos de circunferencia así obtenidos.

Puesta en obra

Sobre la solera del hormigón del depósito, si se ha hormigonado previamente, por separado, se clavarán las tablas de pie, que consisten en camones, naturalmente. Si la solera se hormigonase al mismo tiempo que el resto del depósito, sin solución de continuidad, entonces será necesario poner las tablas de pie del encofrado exterior en superficies planas horizontales del terreno previamente preparadas. En cambio, las del encofrado interior deben quedar elevadas, o «colgaaas», de manera que la aitura o diferencia de cotas entre las tablas de pie de ambos encofrados sea igual al espesor de la losa de solera del depósito.

Para colocar otro sistema de camones para dirigir las tablas del encofrado por la parte superior, se colocan unos tablones verticalmente, llamados en algunas regiones «velas», y los camones se fijarán a ellas. Si el depósito tuviera una altura considerable, sería necesario situar directrices de camones para que las tablas de los correspondientes encofrados no pierdan su debida posición. En la figura 138 vemos la manera de situar los camones en un encofrado de depósito.

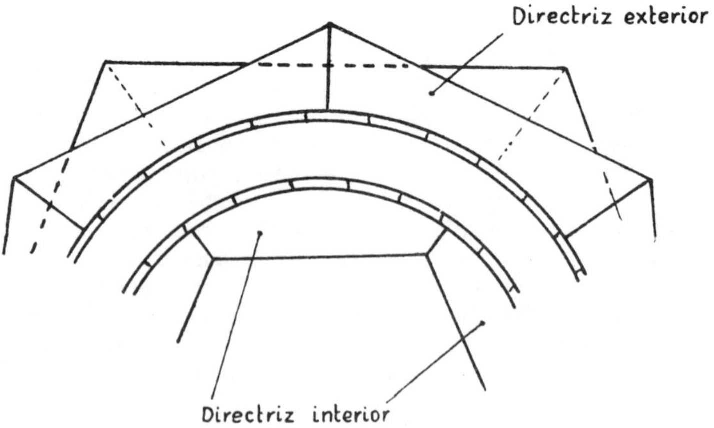

Figura 138

Téngase siempre presente que los camones sólo tienen la misión exclusiva de «dirigir y mantener en su debida posición» las tablas del encofrado, pero nunca la de soportar los esfuerzos y empujes que se produzcan al hormigonar. Esta misión resistente está confiada a los **zunchos.** Estos zunchos son unos aros de hierro que abrazan las tablas de manera que impiden todo desplazamiento de alguna de ellas fuera de la posición deseada. Estos zunchos son, en realidad, redondos, a los que se les ha dado la forma circular y por los extremos se les une con cualquier sistema.

Estos zunchos suelen colocarse a distancias comprendidas entre los 40 y 80 cm, según las alturas. Es decir, irán más juntos aquellos que estén en la parte baja del encofrado, pues ya hemos visto en varias ocasiones que el mayor empuje del hormigón se produce en la base y va disminuyendo hasta llegar al borde superior del molde en que su valor es nulo.

Diámetro de los depósitos

Los depósitos pueden tener cualquier dimensión, desde la más reducida a la mayor imaginable. Para depósitos de pequeños diámetros, las tablas de encofrar tienen que ser lo más estrechas posible, ya que en caso contrario no se obtendría una circunferencia, como sección transversal, sino un polígono más o menos regular. Por lo tanto, se tendrá en cuenta a la hora de encofrar que para diámetros pequeños hay que usar tablas estrechas.

Apuntalamiento

Como vimos, los camones directrices superiores iban fijados a las «velas», las cuales, además, nos servirán para el atirantado. Estas «velas» deberán ir debidamente arriostradas con tornapuntas que, por regla general, se colocan de la manera siguiente:

Un tornapuntas en la parte baja, coincidiendo con los camones que forman la directriz inferior y otro tornapuntas en la parte superior, también en coincidencia con la altura a que va la directriz superior, tal como se muestra en la figura 139.

Todo cuanto decimos constituye el grupo de operaciones a efectuar en el encofrado del paramento exterior. Una vez realizado éste, serán los ferrallistas los encargados de colocar las armaduras que deberá llevar el depósito, lo que debe efectuarse «antes de comenzar a colocar el encofrado interior», ya que se crearían una serie de dificultades de espacio que entorpecerían grandemente el trabajo de unos y otros.

Encofrado interior

Ya dijimos que si se había hormigonado previamente la solera del depósito, el encofrado interior del molde se apoyará sobre dicho suelo, con

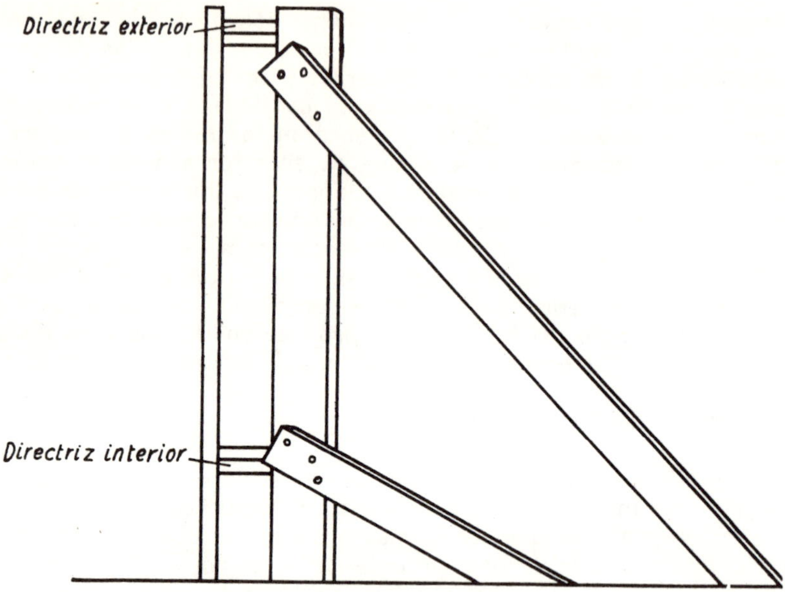

Figura 139

sus camones, etc. Pero si para la fase de hormigonado se ha previsto hacer sin solución de continuidad tanto la solera como las paredes, entonces el encofrado del paramento interior irá colgado sobre tacos de hormigón, zancos de hierro, etc.

En esta ocasión, los camones que sirven de directrices al encofrado interior han de ser lo suficientemente fuertes como para servir de elementos resistentes de los esfuerzos que reciben las tablas.

En cuanto al resto de las operaciones de montaje siguen un procedimiento en todo similar al ya descrito para el encofrado exterior.

DEPOSITOS DE SECCION POLIGONAL

Los depósitos que no son circulares, pueden tener cualquier otra sección transversal: cuadrada, rectangular, la de un polígono regular, etc.

En realidad, aunque variando algo en sus dimensiones, son como aplicaciones de encofrados de paredes y muros, que ya hemos descrito en el capítulo correspondiente.

Sobre la solera del fondo, replantearemos las paredes del muro, tal como lo hacíamos anteriormente, y clavaremos o fijaremos las tablas de aguante de pie de muro. Los tableros serán como los ya descritos en encofrados de muros.

Como cubiertas de estos depósitos se utilizan los mismos encofrados que ya describimos en el capítulo de Suelos, y allí podrá encontrar el lector la solución de los casos que se le presenten.

PISCINAS

Las piscinas no son más que depósitos de agua, tanto si son de planta rectangular, poligonal, de riñón, etc. Varía la forma de la solera de fondo, por darse generalmente a las piscinas distintas profundidades para los lugares de nadadores y no nadadores, lo que obligará a recortar las tablas de las paredes de manera que se adapten a la configuración de la solera.

En muchos casos, las paredes sólo requerirán el encofrado interior, sirviendo de exterior el propio terreno recortado. La figura 140 nos ofrece el ejemplo de encofrado de las paredes de una piscina.

Figura 140

SILOS

Lo que diferencia los silos de los demás depósitos es la tolva (figura 141), y su encofrado no varía esencialmente de la de una cabeza de hongo. Vamos a describir someramente el encofrado de la tolva de un silo pequeños monocelular, del que ya se han encofrado los cuatro pilares de apoyo y se han colocado los tableros de fondo de cuatro vigas que rodean la tolva (figura 142). Dichos encofrados montados servirán de apoyo para el molde de la tolva que, a su vez, se construirá a partir de la boca de descarga.

Primero se monta una plataforma sobre la que apoyar el molde de la boca. Es sencillamente un tablero sobre puntales arriostrados y acuñados, lo mismo que un suelo cualquiera.

Seguidamente se forma el molde de la boca, cuadrado o redondo, mediante dos tableros anulares con directrices o barrotes exteriores e interiores, como en la figura 138. El borde superior del molde se arriostra con codales y el inferior con un marco de pie clavado a la plataforma.

Se procede seguidamente a montar dos tableros exteriores, de forma trapezoidal. Como en la cabeza de hongo, dos de los tableros irán ence-

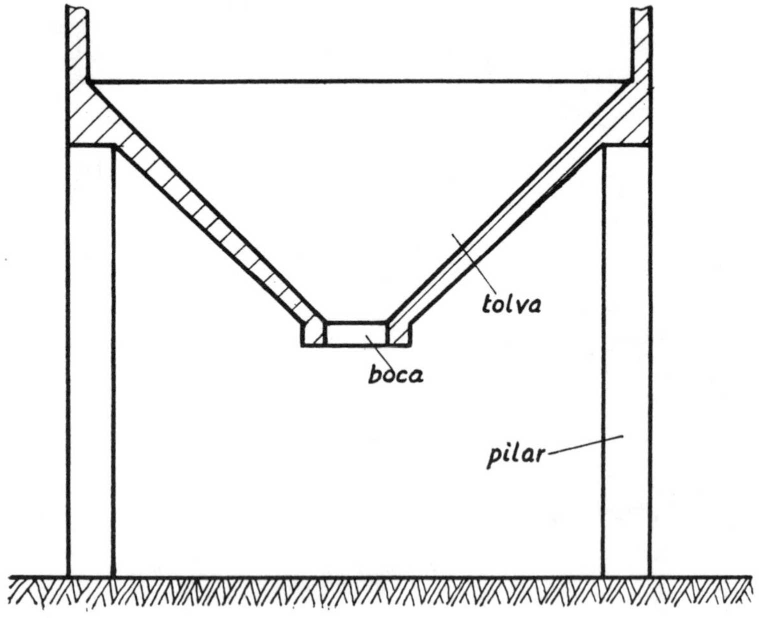

Figura 141

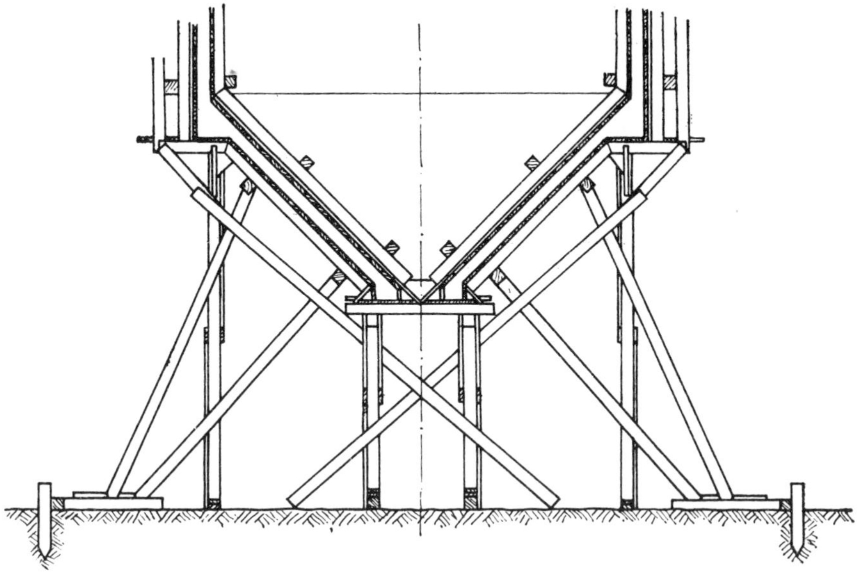

Figura 142

pados entre los otros dos de cepo, cuyas tablas sobresaldrán en los extremos lo necesario para que apoyen en ellos los bordes biselados de los encepados. Las costillas se dispondrán en abanico, por lo que quedarán muy juntas cerca de la boca y más separadas por la parte alta. Las costillas extremas de cada cara de la tolva se clavan por sus extremos a los moldes de boca y de pilar y sobre las mismas se disponen dos carreras de alfarjía, lo más alto y más bajo posible. Las carreras se apean con puntales inclinados que en el suelo apoyarán en piquetes hincados en el terreno.

A continuación se monta el encofrado exterior de las paredes, de la misma manera que una pared cualquiera.

Terminado el encofrado exterior, se pasa a montar el encofrado interior de la tolva. Primero se colocan codales que mantendrán la distancia entre los dos encofrados correspondiente al grueso de las paredes. Generalmente estos codales se forman de horquillas de hierro redondo asentadas en taquillos de hormigón. En las esquinas, a ambos lados y a una distancia del tablero exterior igual al grueso de la pared aumentado con el grueso de una tabla, se colocan unas tablas maestras de plano provisionales, sujetas por codales también provisionales, y por la parte inferior se coloca la primera tabla del encofrado que apoya con su bisel correspondiente en el molde de boca y se clava a las maestras. Inmediatamente se colocan costillas a cada lado de las maestras y en ellas se colocan, una a una, las tablas de encofrar, clavándolas por dentro. Después de colocadas unas tablas se montan algunas costillas intermedias. Las restantes se colocarán una vez clavadas todas las tablas del encofrado interior. Dichas costillas han de tener la longitud necesaria para apoyar por su extremo superior en el encofrado exterior. Las carreras interiores se enfrentan aproximadamente con las exteriores. La carrera superior se coloca de manera que sirva de base del encofrado interior de la pared del silo.

En los tableros interiores de la tolva se dejarán algunos agujeros de observación para controlar la marcha del hormigonado.

Por último se procede al montaje del encofrado interior de las paredes, lo que no ofrece ninguna diferencia con lo ya descrito.

XIII
ENCOFRADOS DE PIEZAS PREFABRICADAS

DESCRIPCION

En la construcción de nuestros días, donde la rapidez de ejecución es norma general, por las necesidades de las mismas, por ser más rentable la inversión realizada, etc., una multitud de piezas fabricadas en taller irrumpen en las obras, donde sólo se efectúa la puesta en obra. Con ello se descarga a cada obra en particular de varios trabajos que encarecerían la misma al tener que disponer de maquinaria especial para la fabricación de dichas piezas. Entre las más importantes podemos citar la fabricación de viguetas, tubos de hormigón, losas para aceras o tapas de registros de servicios, cornisas, antepechos, vierteaguas, albardillas, etc.

De todo ello, en cada país, hay una extensa red de fabricación de piezas, de diversos modelos, que proporcionan al usuario la entrega de las mismas a precios que ellos mismos no podrían obtener en la propia obra.

MOLDES PARA VIGUETAS

Los moldes para las viguetas prefabricadas (de las que existen diversas patentes) suelen ser metálicos, por su mejor conservación y larga duración. Se componen de dos o más piezas, que encajan mediante charnela, para una vez hormigonada la pieza y fraguada ésta, poder efectuar cómodamente el desencofrado y obtención de la pieza.

MOLDES PARA TUBOS

Los tubos de hormigón se suelen fabricar en piezas de hasta un metro, por su peso y mejor manejabilidad. Se hormigonan verticalmente, retacando la masa de hormigón.

Los encofrados correspondientes son también metálicos y están constituidos por cilindros divididos según una generatriz en dos o más partes, para facilitar la operación de desencofrado, que siempre suele ser la más engorrosa en toda clase de hormigonado de piezas.

PILOTES DE HORMIGON

Como ya sabemos, los pilotes de hormigón armado se utilizan en aquellas obras donde los cimientos son débiles. Para obtener una buena base para cimentar, se clavan en el terreno cierto número de pilotes y sobre sus cabezas, o sobre una losa de hormigón que se asienta sobre aquéllas, se procede a levantar la construcción proyectada.

Se utilizan, pues, en obras en el mar o en los ríos, en terrenos arenosos muy sueltos, en terrenos fangosos, etc. Van constituidos por un pilar de hormigón generalmente de sección circular, con una punta metálica, utilizada para que no sufra deformaciones durante la hinca y facilitar ésta.

Si sólo se han de obtener unos pocos pilotes, se pueden obtener en la misma obra mediante la disposición de unos moldes sobre el suelo previamente preparado. En estos casos, la sección de los pilotes suele ser cuadrada.

El encofrado de estas piezas es muy sencillo, ya que si se ha preparado satisfactoriamente el terreno dándole una superficie bien lisa y horizontal, en donde suele echarse arena para que la superficie del hormigón no asiente sobre el terreno, el molde sólo consistirá en dos tableros largueros para las caras laterales y otros dos para cerrar aquellos por los extremos de cabeza y de pie.

Los tableros costeros irán debidamente arriostrados con tornapuntas y costillas clavadas en el suelo y llevarán unos codales para impedir que se abran o cierren por la parte superior.

Cuando la fabricación de pilotes se hace en serie, es decir, en plan comercial, suelen disponerse encofrados continuos de madera o hierro, los cuales son llenados de hormigón mediante un adecuado sistema de hormigonado, ya sea por vagonetas, blondines, etc.

La superficie superior de los pilotes no lleva encofrado, es decir, queda al aire y se obtiene como cuando se enrasa una superficie de hormigón de una losa, etc.

MOLDES PARA FABRICAR PIEZAS A PIE DE OBRA

Si en la construcción de un edificio hay necesidad de fabricar cierto número de piezas de un mismo tipo, como son cornisas, albardillas, antepechos, etc., será recomendable hacer moldes siguiendo las características del proyecto.

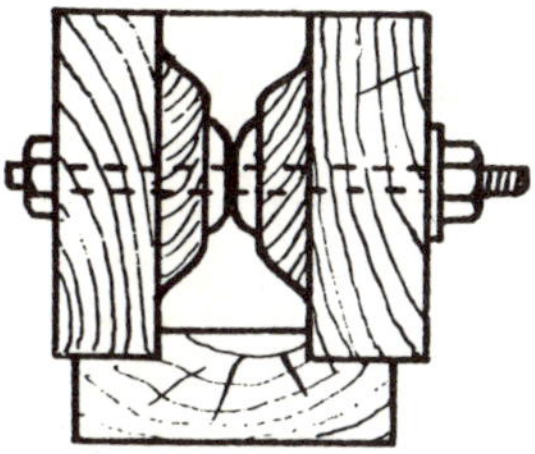

Figura 143

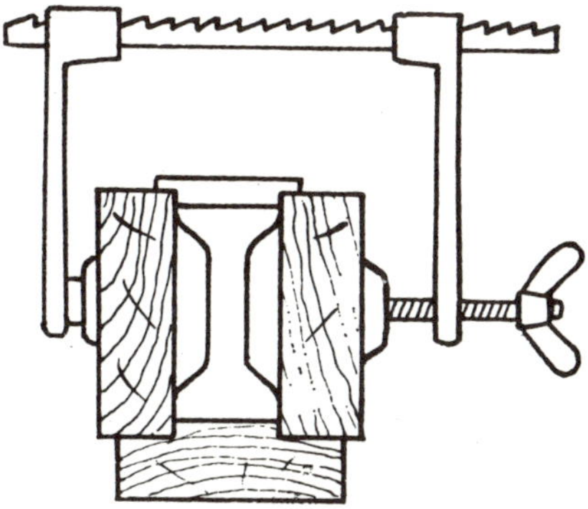

Figura 144

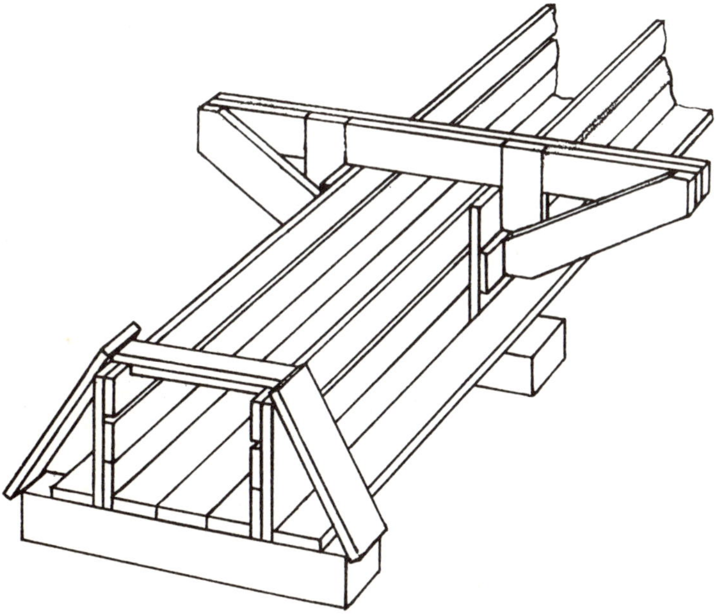

Figura 145

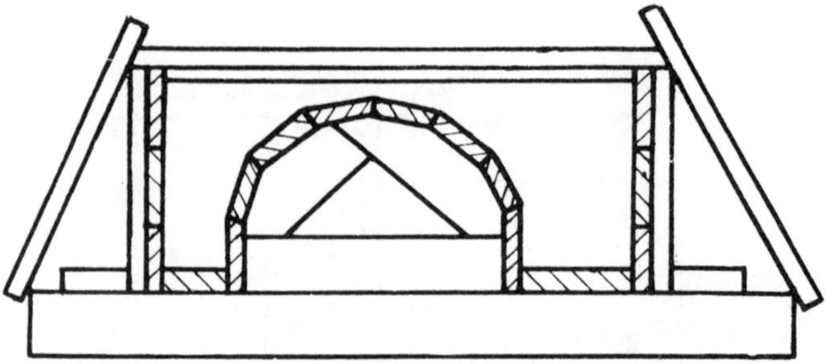

Figura 146

Moldes para viguetas

Suelen hacerse con tres tablones convenientemente preparados. Uno para el fondo y dos que encajan en él, para los laterales. Estos últimos se mantienen en posición mediante unas plantillas en los extremos y unos codales con tornillo a media altura de los moldes laterales (figura 143) o, si no se quiere que queden orificios en el alma de la viga, mediante codales y cepos (figura 144).

Moldes para dinteles

Para dinteles de sección rectangular, el molde puede confeccionarse con tablas, barrotes, tablas de aguante, codales y cepos, como en la figura 145.

Moldes para dintel con caja de persiana

Para fabricar dinteles especiales con hueco para alojar persianas enrollables, puede utilizarse el molde de la figura 146.

MOLDES DIVERSOS

Además de los ya mencionados, existen una gran variedad de moldes para la obtención de piezas prefabricadas de cierto interés y en los que la obtención en serie reporta algún beneficio a la construcción.

APENDICE

ENCOFRADOS METALICOS

El encofrado metálico, como su nombre indica, está compuesto por cierto número de piezas rígidas, que sólo pueden adaptarse a una forma exclusiva. De ahí su «limitación» en cuanto a la multiplicidad de formas a dar con un solo elemento o tablero, tal como ya vimos en los encofrados de madera, que son susceptibles de emplearlos en diversidad de piezas, cortando, añadiendo, clavando, etc. En cambio, en el encofrado metálico, por su naturaleza, cada pieza sólo sirve para la clase de mólde para la cual ha sido proyectada, no pudiendo aprovecharla, salvo algún caso excepcional, en otro elemento distinto.

Ventajas del encofrado metálico

En aquellas obras en donde la proliferacinó de un mismo tipo de piezas alcanzan un número considerable, tal como en una construcción donde existan pilares de idénticas dimensiones y en gran número, los tableros metálicos ya preparados son insustituibles para la formación de los encofrados correspondientes.

Su gran ventaja radica, no sólo en la facilidad y rapidez tanto en el encofrado como en el desencofrado, así como en que las piezas moldeadas alcanzan unos paramentos lisos, bien cuidados, sino en que la duración de dicho encofrado es prácticamente ilimitada, ya que no se deforman ni deterioran por el uso.

En cuanto a su manejo, es bien sencillo y aunque casi la sola observacinó del dibujo correspondiente es suficiente para comprender cómo se montan, vamos a dar una sucinta explicación sobre los mismos.

En la fotografía de la figura 147, vemos reproducido un tablero para encofrado metálico de un pilar. Observemos que lleva en los extremos, en los cantos, unos machos o vástagos, los cuales penetran en los orificios

Figura 147

de otro tablero. Esto permite que con un mismo tablero se pueden obtener pilares de varias secciones.

Tanto las operaciones de encofrado y desencofrado como las de aplomado son rápidas y sencillas. Otra ventaja es la bondad de los paramentos. Salen pilares de caras limpias.

Entre las desventajas, podemos citar su inadaptabilidad a todo tipo de pilares, como sucede con la madera y a su mayor peso para el traslado y manejo.

Ya veremos más adelante cómo estas placas suelen servir también para encofrar vigas.

CARACTERISTICAS DE LOS ENCOFRADOS METALICOS BYS

De gran circulación en el mercado nacional de la construcción sin ánimo de publicidad y solamente porque los consideramos muy interesantes por sus notables características, presentamos el encofrado metálico universal BYS, del que, a grandes rasgos, vamos a describir las más destacadas.

Duración ilimitada

Las piezas que componen este tipo de encofrado están construidas de hierro y acero de la mejor calidad, no produciéndose desgaste alguno durante su uso, por ser muy sencillo su manejo, tanto en el montaje como en la operación de desencofrado.

Adaptable a cualquier medida

Los paneles metálicos, como luego veremos, están diseñados de tal forma que se adaptan a cualquiera que sea la medida de la estructura que se desee encofrar.

Montaje fácil y económico

La unión de los paneles entre sí mediante unos pernos que se introducen en los agujeros del elemento subsiguiente, destierran por completo todo empleo de mordazas, pasadores, abrazaderas, cuñas, tornillos y cualquier otra clase de herramientas. No precisa de personal especializado, ya que su montaje es sencillísimo. El desmontaje, por tanto, es también una operación sencilla, sin que se puedan producir desperfectos.

Amortización

El hecho de que estos paneles por las circunstancias expuestas, tengan una vida ilimitada, amortiza su coste mucho mejor que todos los sistemas conocidos hasta la fecha.

Medidas «standard»

Se encuentran estos paneles en el mercado, en las siguientes medidas:

40 × 50
50 × 50
60 × 50

Como dato para el lector, indicamos que un pilar de tres metros de altura necesita el material siguiente:

4 elementos de base.
24 paneles de 50 × 50.
4 pletinas de blocaje.

Para montar un pilar de las dimensiones indicadas, se tarda un tiempo aproximado de 15 minutos.

Montaje

Vamos a dar a continuación un detalle del montaje con este tipo de paneles.

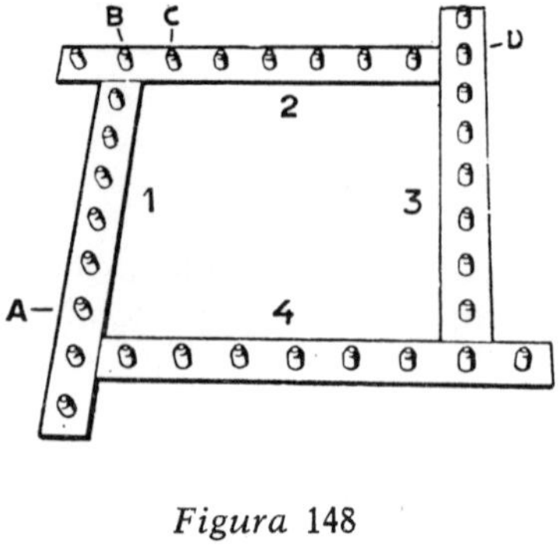

Figura 148

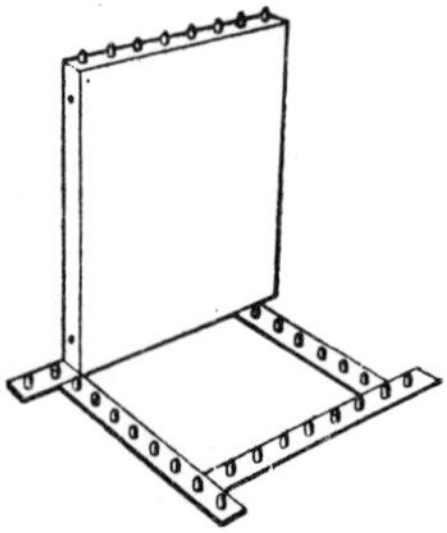

Figura 149

En la figura 148, se ven los **elementos de base.** Una vez replanteado el pilar, se van colocando los llamados elementos de base, de manera que la arista interior de dichos elementos coincida con lo que va a ser el paramento definitivo del pilar ya hormigonado. Una vez situados estos elementos de la base, se procede a continuación al montaje de los paneles.

En la figura 149, vemos cómo el primer panel monta sobre el elemento base (figura 148) de forma que el primer agujero del panel encaja en el primer pernio **A** (figura 148). Los demás agujeros encajarán en los pernios sucesivos, después en el pernio **B** del elemento núm. 2 (figura 144), y el resto sobrante del panel sobresaldrá a continuación en la medida necesaria.

A continuación procederemos a montar el segundo panel sobre el elemento núm. 2 en la misma forma citada en el párrafo anterior, o sea a partir del pernio **C**, hasta el pernio **D** del elemento núm. 3 (figuras 148 y 149), sobresaliendo a continuación el trozo de panel sobrante (fig. 150).

Para cerrar el resto del espacio del pilar, se montan los otros dos paneles, tercero y cuarto, siguiendo el mismo procedimiento ya descrito (figura 151).

En la figura 152, se ve el montaje de los subsiguientes tramos de paneles, siguiendo siempre el mismo sistema. Cada panel inmoviliza siempre a dos de los que tiene debajo, dando una total solidez al encofrado.

Así seguiremos colocando paneles hasta llegar a la altura deseada. Por último, se colocan las **pletinas de blocaje** (terminales), como se ve en la figura 153, para que los cuatro últimos paneles no se separen. En la figura 154 presentamos el encofrado para un pilar.

Para el encofrado de muros, como vemos en la figura 155, se emplean también los mismos paneles, además de otros elementos que vamos a describir.

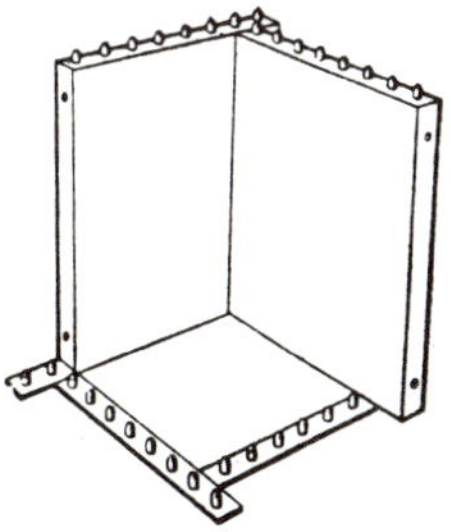

Figura 150

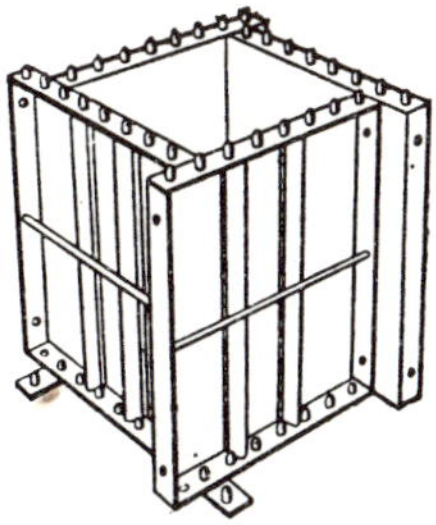

Figura 151

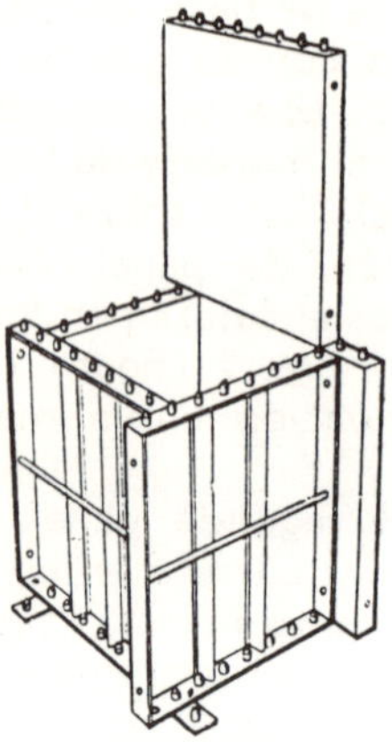

Figura 152

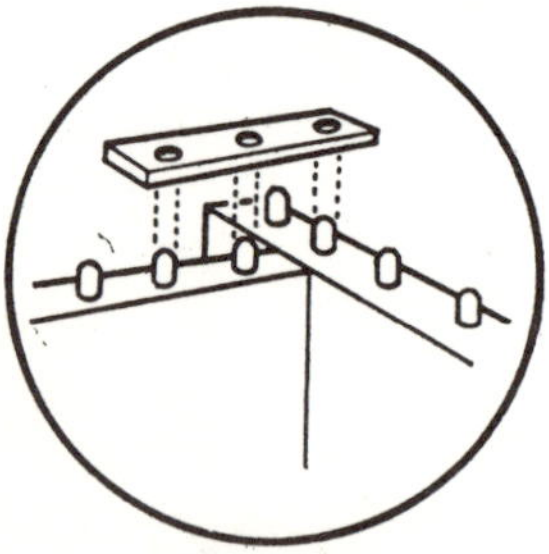

Figura 153

Figura 154

Centinela

Con este elemento, de dos metros de altura, y que se muestra en la figura 156, se pueden efectuar toda clase de paramentos. Se adapta a los paneles «standard», como se puede apreciar en las figuras ya mostradas.

Figura 155

◄ *Figura* 157

Figura 158 ▼

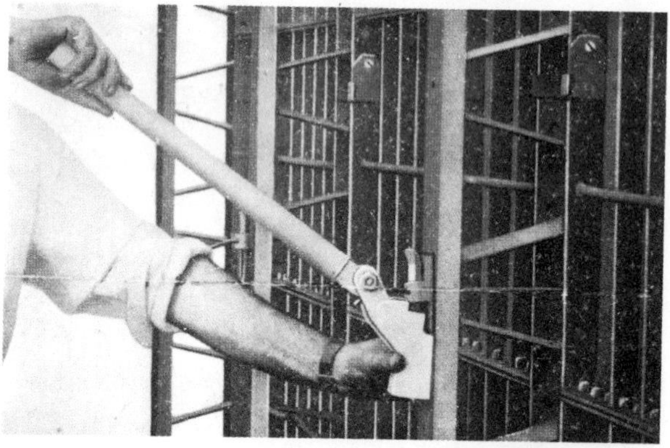

Figura 156

Figura 159 ►

Cuña para sujeción de latiguillos

Con esta original cuña y mediante un tensor (ver las figuras 157 y 158) se obtiene un máximo de resistencia en ambas caras encofradas y permite soportar todas cuantas presiones pueda producir el hormigón, al ser depositado en los encofrados y pudiendo efectuar una vibración al máximo.

Cangrejo

Es éste un elemento eficaz e indispensable, pues viene a eliminar radicalmente la aplicación de toda clase de tornillos en la unión de los paneles entre sí (figura 159).

INDICE